物理太有趣了

好玩的物理知识

郭炎军◎著　梁红卫◎绘

天地出版社 | TIANDI PRESS

前　言

世界那么大，用物理去看看吧

亲爱的小读者，你一定是带着许多的问题，才来翻开这套书。这些问题，源于你对这个万千世界的好奇。

比如：这个世界如果不是由仙人变出来的，那它是怎么出现的？

我们呼吸的空气到底由什么组成？雨雾云雪到底是如何形成的？

我们抬头仰望的星空，到底离我们有多远？

太阳如何给予万物生长的能量？

气球为什么能飞上天空？

汽车为什么能跑？

…………

问题太多，那有没有一些工具，能帮助我们探求到更多的答案，让我们更好地理解这个世界，更友好地与这个世界相处？有，物理就是这些工具中的重要一员。

物理是一门不仅有趣，而且非常有魅力的学科。你亲眼见过、听说过或者闻所未闻却真实存在的种种现象，很多都可以从物理的角度来思考，并用物理定律来解释。物理不仅可以解答我们关于这个世界的大多数疑问，生活中人们还应用它来解决层出不穷的问题。

因此，我特意编写了这套《物理太有趣了》。全套书分为《好玩的物理知识》《有趣的物理实验》《生活中的物理》三册。每一册各有侧重，但都趣味无穷。

在《好玩的物理知识》里，你将遇到很多有趣的伙伴——物质、能量、声、光、电、磁、热、引力、力与运动。生活中，我们睁开眼睛就能看到的光，我们伸出双手能感觉到的热，我们双耳听到的声音，我们迈开脚步就能感受到的力和运动……这些都只是它们在施展小小神力。

循着它们往下看，往下思考，你就能发现更多更具体的物理知识和原理，也就能走近更多真相。

兴趣能打开探索之门，体验会开启收获之锁。在《有趣的物理实验》中，你会接触到很多有趣的物理小实验。你知道声音也能画出美丽的图案吗？你想不想用简单的材料做出生动的立体投影？你想不想在玻璃瓶中做一朵"云"，来揭示云雨形成的奥秘？……只需要利用生活中的常见物品，你就能做各种让你意想不到的实验。你可以边做边玩边学，动手去创造奇妙的物理现象，揭秘其中的物理原理，也可以利用物理知识来探索解决生活中各种问题的方法。

物理贯穿于我们的生活中，与生活相互交融。《生活中的物理》从衣食住用行等日常生活的角度入手，带我们一起发现那些生活中习以为常的现象背后，到底蕴藏什么样的物理原理。你知道雨衣为什么能遮雨吗？高压锅为什么能快速烹饪？运动员为何能在冰上起舞？……除了这些，还有许多你压根没有想过的奇怪问题，比如，如果空调坏了，冰箱能当空调用吗？飞走的氢气球到底能飞多高？人为什么不会从倒悬的过山车上坠落？……这些从生活中各个层面精选的问题，也会加深你对物理概念与原理的理解。

在人类了解自然、征服自然、按自然规律办事的过程中，物理起着至关重要的作用，我们可以借由物理来了解世界万象，体验世界的奥妙。打开这套书，一起探索世界吧！

郭炎军

目录

翻开这一页，
欢迎来到浩瀚
又奇妙的
物理世界！

你装着十万个为什么?
快来走进物理的
奇妙世界!

对于我们可爱的世界,你是不是常常充满疑问?我们抬头仰望的星空,到底离我们有多远?太阳如何给予万物生长的能量?为什么过山车没有发动机也能运行?

胖子和瘦子同时蹦极，谁会先落下来？……你脑海中是不是有无穷无尽的问题？恭喜你，你是个货真价实的好奇宝宝。带着你满当当的好奇，一起来认识这位好朋友——物理吧！你的一切问题，它都能给你一个满意的答案哟！

什么是物理

什么是物理呢？也许你会说："物理不是在初中课本上吗？"

哦，不仅如此。物理是以观察和实验为基础的、研究物质的结构及其相互作用和运动规律的自然学科。小到基本粒子、原子，大到宇宙，自然界的一切都属于物理学的研究范畴（chóu）。物理学是一切自然科学中最基本、最广泛的学科。

物理不是非得正襟（jīn）危坐去学的一门学科。可以说，物理是一种发问和解答。它是像你这样的好奇宝宝提出的、关于这个奇妙世界的问题和解答。庄子说："判天地之美，析万物之理。"物理学也许不能解释生活中的一切现象，但生活中的一切现象，最本质的原因最终都要归结到物理学上来。

为什么学习物理

我们为什么要学习物理呢？爱因斯坦说："从物理学出发思考一切。"关于生命、关于宇宙、关于万事万物的种种问题，以及生活中最基本的现象，物理学都提供了一套分析、理解和判断的方法。

物理学不仅解答为什么，也告诉我们怎么办。来看一看近几百年来，

物理的"所作所为"给我们的生活带来的翻天覆地的改变吧！

蒸汽机的发明，使人类社会进入大规模机器生产时代，我们的吃穿住用行，几乎每一样都离不开机器化大生产。各种热机的产生，促进了空间技术的发展，人类开始登月球、探火星，向未知的宇宙迈进。发电机和电动机的出现，促进人类进入电气化时代，提高了人类的生产效率和生活质量。而现在，各种高科技、信息化、智能型设备遍布我们的生活，这要得益于电磁波的发现、微电子和信息技术的发展。

物理武装着我们的生活，让我们个个都成了拥有"千里眼""顺风耳"等各种能力的"超人"，更让世界来到我们指尖。为了更好地使用科学技术，我们不仅要用物理学知识来武装头脑，更应该让物理成为我们知识装备的标配。

学好物理能做什么

学好了物理，你能做什么呢？对于一个普通人来说，学好物理首先能满足你对这个世界的好奇心。你还可以用物理来向你的朋友们解释生活中的现象，比如，为什么手机能够让你同地球上另一个角落的人通话？为什么北斗卫星导航定位能够精确到几米范围之内？为什么光速不可超越？为什么人不能穿墙？……你也可以简单地运用一些物理知识方便自己的生活，比如，自己制作声控灯、独立修理马桶。如果你还能再学得好一点，理解一些高深的物理知识，你就能从自然界中获得更多的惊喜和感动。

而如果你是一个物理专业的学生，未来，你可以成为一名优秀的物

我的梦想是成为一名优秀的物理老师。

$E=mc^2$

物理老师可以将物理知识传递给更多人

牛顿

伽利略

这家伙干得不错！

小贴士：你不能忘记的物理学家们

$E=mc^2$

　　提到物理学，不能不说一说在物理学中具有里程碑意义的三位科学巨人：伽（jiā）利略、牛顿和爱因斯坦。

　　伽利略第一次将天文学、数学、物理学融汇在一起，并将实验作为探求规律的主要手段，他是"近代科学之父"。牛顿创立微积分、为经典力学的创立奠定了基础，他被誉为"近代物理学之父"。爱因斯坦创建相对论，提出光量子假说，他是现代物理学新纪元的开创者。

理老师，将物理知识普及给更多人；你也可以成为研究人员，研究更多的未被发现的物理原理，更好地服务人类。

　　在人类历史上有许多著名的物理学家，他们提出、研究和解答了种种有趣的问题，为物理学和世界科学的发展做出了重大贡献，并造福于人类社会。让我们一起像物理学家一样，从物理学的角度去看世界、优化世界吧！

我想去太空寻找人类的新家园。

物理学家能够促进物理学和世界科学的发展

了不起的物质！
世界由物质构成

　　我们的世界是物质世界。物理学研究的是物质最一般的运动规律，以及物质的基本结构。物质是客观存在的，不仅我们抬眼可见，甚至闭上眼睛也能感觉到它的存在。物质还具有质量、体积和能量，它能够被测量。

物质无处不在

世界万物都由物质构成。无论是我们抬头仰望的广阔天空，还是我们脚踏的坚实大地；又或者傲然挺立的山川与无边无际的海洋；再到与我们相伴的日月星辰，与我们的生活息息相关的风雨雷电……都由物质构成。甚至包括人，都是由物质构成的。

物质是谁设想出来的？它又是谁制造出来的呢？其实，物质是既不能被创造，也不能被消灭的东西，它们原本就在客观世界中存在，并且还要永远存在下去。

你也许会问，那我们吃的小麦不是由种子生长变化出来的吗？我们吃的面包不是生产线上加工出来的吗？即使是这样，这些新物质也不是凭空产生的，它或者是旧有物质相互组合转化而来的，或者是某些旧物质又以新的面貌出现了而已。

物质的测量

所有具有质量和体积的东西都是物质。物质的多少是可以测量出来的。

体积，用于测量物体所占空间的大小。充气小马和小木马看起来一样大，说明它们的体积一样。

质量，测量的是物体中物质的数量。质量越大，物体越重。我们分别用手拎起充气小马和小木马，会发现小木马要重一些。我们通过天平比较质量，也会发现小木马的质量确实要大一些。

密度，衡量的是一定的空间中有多少物质。一样的大小，小木马重，说明一定体积的木马含有的物质要多一些，进而说明小木马的密度大一些。

物质看得见和看不见的属性

物质世界奇妙有趣，光怪陆离，五彩缤纷，那是因为它们有各种各样的属性。当面对一个物体时，我们会看一看它的样子、听一听它的声音，或者靠近闻一闻、摸一摸，有时甚至拿起来尝一尝。我们能通过感觉来辨认某种物质。

咦，怎么觉得书包变轻了呢？

在地球上书包会重一些

在月球上书包会轻一些

小贴士：质量和重量相同吗？

质量和重量的含义并不相同。质量表示物体所含物质的多少。重量指的是物体所受地球重力吸引的大小。在同一个地点，两个质量相等的物体，所受的重力也一定相等，即重量也相等。所以，通过比较两个物体的重量，就可以比较出它们的质量。

但是，同一个物体，在不同的地点，重量有可能是不同的，比如，在地球上它会重一些，在月球上则会轻一些；而无论在哪里，它的质量都不会发生改变。

另外，用天平可以测质量；用弹簧秤测的是重量，而不是质量。

啊，书包太重了，要背不动了。

比如，通过颜色辨认出金子，因为金子是金灿灿的；通过味觉辨认出糖，因为糖很甜；通过气味辨认出汽油，因为汽油有独特的刺激性气味；而把铁块放进水里，它会快速地沉下去。颜色、质地、形状和大小等，都是物质的性质，它们都比较容易看到。

当然，还有一些性质通过肉眼看不到。比如，物体会不会被磁体吸引（磁性）？它是否易传热或导电（传导性）？放进液体中，它能不能被溶解（溶解性）？它受撞击时易碎（硬度）吗？……

你发现了吗，描述物质的物理性质，往往会使用"易、能、可以、会、具有"等词语。平时，你也可以试着用这些词汇来描述你看到的物质的性质。

科学家如何研究物质的性质？

那科学家又是如何研究物质的性质呢？物质的性质包括物理性质和化学性质。物理性质指不需要发生化学变化就表现出来的性质。科学家通常用观察法和测量法来研究物质的物理性质。比如，可以观察物质的颜色、状态、质地、形状和大小；可以闻气味（注意实验室里的药品多数有毒，未经允许绝不能闻和尝）。而有些物质的性质，如熔点、沸点、硬度、导电性、导热性、延展性等，可以利用仪器测量。还有些性质，不能直接测量，而是需要通过实验室测量获得相关数据，再计算得知，如溶解性、密度等。在实验前后物质都没有发生化学变化，这些性质都属于物理性质。

物质只有在化学变化中才能表现出来的性质，叫作化学性质。例如：物质的金属性、非金属性、氧化性、还原性、酸碱性、热稳定性等。科学家为了研究物质的化学性质，通常会进行化学实验。我们在实际的化学实验操作时，必须严格遵守实验原则和步骤，以防止实验发生错误或导致事故。

世界包罗万象，无所不有。很久以前，人们就在思考：这多种多样的物质到底是由什么构成的？他们提出了一个构想：世界万物是由一些小得不能再小的微粒构成的。还有人更深入地设想：原子是构成物质的最小微粒，而且水的原子是圆的，所以水会流动；土的原子是毛躁的，所以由土原子构成的物体很坚固……

物质由微粒构成

几百年以前，关于物质的构成众说纷纭，一直没有定论，直到世界各地的科学家走进实验室，拿起先进的科学仪器，开始观察、实验、做研究，他们才在科学仪器前看到了这些微粒——原子和分子（复杂原子）。

物质是由分子组成的，分子是由原子组成的，原子是很小很小的粒子。氢（qīng）原子放大1亿倍，大小却只相当于一个直径为1厘米的小球，这就像苹果和地球相比。原子由一个原子核和围绕原子核运动的粒子——电子组成。原子核，顾名思义就是原子的核心部分，它由质子和中子组成。

原子是物质的基本构成单位。比如，体重70千克的人体大约由7×10^{27}个原子组成，其中包括各种不同类型的原子。氧、碳、氢、氮、钙等常量元素占据总量的99%以上，其余不到1%为铁、铜、锌、锰、铬等微量元素。

小贴士：你和爸爸一样大

物理学家认为，宇宙中几乎所有的原子都是在宇宙大爆炸后逐渐产生的，而从原子年龄来说，你的原子和恐龙骨骼（gé）的原子有着同样的年龄，包括新生儿的原子以及任何物体的原子的年龄也都相同。

真是个小不点儿。

爸爸，从原子角度说，我们一样大。

元素和化合物

既然所有的物质都是由原子构成的，为什么物质各不相同呢？这是由于质子的关系。原子里的质子数量是不同的。例如，氢是最小的原子，它只有 1 个质子；氧是大一点的原子，它有 8 个质子。质子的数量决定了原子的类型和大小。

元素是具有相同的质子数（核电荷数）的一类原子的总称。世界上 3000 多万种物质，却只有百余种基本元素。俄罗斯的天才化学家门捷列夫经过长期深入的研究之后，发现了元素之间存在的规律，制作了元素周期表。这张元素周期表就像电影座次表，每种元素按规律对号入座。

只要观察一种元素上下左右的元素，就能推测出这种元素的性质和特点，实在是太神奇了！现在，元素周期表的成员已经增长到 118 个，上面还有一些空白虚位以待，看来还有未知元素在黑暗中静静等待着被发现。

由两种或两种以上的不同元素所组成的纯净物叫化合物。水是一种化合物，它由 1 个氧原子和

接下来，我们将要制造出水。

造物家

1 个氧原子

2 个氢原子

2 个氢原子组合而成。原子、分子、元素和化合物作为基本组成部分，构成了我们生活的地球。

金属元素和非金属元素

科学家把构成物质的几乎所有元素分为两类：金属元素和非金属元素。

金属是一大类物质。现实中，金属往往比较容易识别，它们通常看起来闪闪发亮。我们常看到的铜、金、铁、铅、汞（gǒng）等都是金属。因为大多数金属中的原子之间比非金属中的原子之间距离更近，所以金属的密度更大一些。

金属和非金属的区别很多。金属都具有金属光泽，大部分是灰白色的；而非金属则各式各样，颜色复杂。除了汞是液体外，其他金属在室温下都是固体；非金属有很多在常温下是气体或液体。金属大都善于导电传热，所以，很多电器和锅、壶等都是用金属来做的；非金属往往不善于导电传热。

金属可以被打造成我们需要的东西，人们常把它制作成薄片或拉成细丝，比如打成有利刃的刀具，或拉成电线等；而固体非金属通常很脆，人们很难将其塑造成其他形状。

在元素周期表中，我们很容易找出哪些是金属元素，哪些是非金属元素。因为金属在周期表的一侧，除氢以外的非金属在周期表的另一侧。怎么样，有趣吧？

喵～厨房里好多金属制品啊。

来来回回、
变来变去的物质

　　世界总是在不断地变化，一切物质也在不停地发生改变。太阳的东升西落，月亮的阴晴圆缺，细胞的分裂、生长和分化，天气的风霜雨雪变化，植物的光合作用，海水的起伏涨落……促使物质改变状态或形式的原因到底是什么呢？物质的变化对我们的生活有什么影响呢？一起来看一看吧！

为什么物质会有状态的改变？

　　物质状态是指一种物质出现不同的相。物质是由分子、原子构成的。通常所见的物质有三态：气态、液态、固态。在晶态固体（即晶体）中，分子或原子就像阅兵式中的车队一样，排成整齐的队列做运动。在液体中，分子或原子的运动很随意，就像是许多的跑跑卡丁车在赛道上奔驰，车与车之间可以相对运动。而气态时，分子或原子的运动速度更快了，就像在

液体中，分子运动很随意

晶体中，分子们排着整齐的队列

气体中，分子运动的速度相当快

长，长，再长，哈哈变大啦！

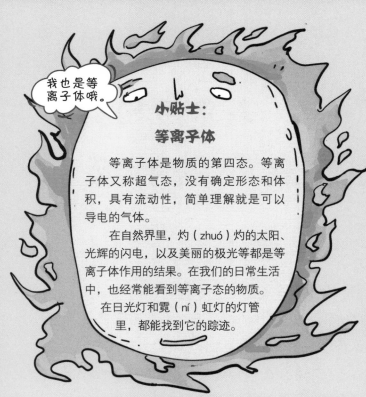

小贴士：

等离子体

等离子体是物质的第四态。等离子体又称超气态，没有确定形态和体积，具有流动性，简单理解就是可以导电的气体。

在自然界里，灼（zhuó）灼的太阳、光辉的闪电，以及美丽的极光等都是等离子体作用的结果。在我们的日常生活中，也经常能看到等离子态的物质。在日光灯和霓（ní）虹灯的灯管里，都能找到它的踪迹。

溜冰场中不停穿梭的溜冰者。

物质状态之间转换的依据主要是温度。地面的水分，受热蒸发为水蒸气，是因为水分子获得了能量；水蒸气随气流上升，遇冷后液化为小水滴，水分子失去能量，只与其他分子相对运动；若随着高度增加，温度继续降低到零摄氏度以下时，水滴就凝结成冰粒，水分子失去能量，只在平衡位置振动；冰粒逐渐变大，过重即往下降，成为冰雹（báo）。

物理变化和化学变化

物质的变化有两种情况：一类是物理变化，只改变了物质的形态、大小、位置等，而物质的构成材料仍然是相同的；另一类是化学变化，在变化中产生了新的物质。

物理变化如冰融化成水，水变成水蒸气，水蒸气冷凝成水，水凝固成冰。水经历了这么多的变化，只是发生了外形和状态的改变，水分子本身不发生变化。把物质混合也是一种物理变化，比如把几种食品混合起来，做成水果沙拉；混合水和沙，让它变成悬浮液。这两种过程都没有改变原来的物体性质。

而在发生化学反应时，分子破裂成原子，原子重新组

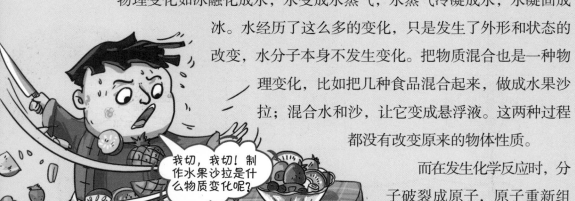

我切，我切！制作水果沙拉是什么物质变化呢？

合成新物质的分子或直接聚集成新物质。
比如一张纸，无论你是揉搓，还是剪成花样，
它都还是纸，但如果把它点燃，就产生了新物质，
就发生了化学变化。纸燃烧后形成的烟和灰烬，来自
纸中的碳、氢和氧元素。

生活中的物质变化

　　物质的变化与我们的生活关系非常大，因为我们依靠物质变化来生存和生活。

　　我们种植小麦，收获后加工成面粉，然后加入酵（jiào）母，和面，发酵后上笼蒸制，做成馒头。我们先将石灰石、黏（nián）土按一定的比例混合均匀，再经高温煅烧、研细，最后变成了水泥，再建成高楼大厦。我们为庆祝节日点燃美丽的烟花时，它在空中爆炸发生了剧烈的化学变化，产生了五彩缤纷的色彩……

　　自然界本身也有数不清的物质变化。绿色植物利用太阳的能量进行光合作用，结成果实或可供食用的部分。人和动物吃掉植物或以植物为食的动物，进而吸收能量。微生物分解动物的尸体，进而又产生有利于植物生长的养分或其他物质……自然界就是靠着这样不断循环的变化而生生不息。

含有金属的发光剂

难道你用了魔法吗？

烟花大师，为什么你的烟花五彩缤纷的？

其实背后的神秘大咖是——发光剂。

万变不离其宗！
能量成就世界万象

只有 20 千克的杠铃

120 千克的超重杠铃

是什么让地球转个不停，是什么让太阳一直提供持续的光和热？为什么一粒种子能成长为一棵大树？是什么让我们能走、能跑、能跳？……总之，是什么造就了这个忙忙碌（lù）碌、不停运转的世界？是能量！

能量是超级大英雄

能量是超级大英雄，一切物体都含有某种能量，万事万物的运转离不开能量。能量可以从一个地方转移到另一个地方，不同形式的能量之间还可以相互转化。

能量无所不能。有了能量，才可以做各种各样的事。释放能量才能做功，比如，你沿着马路往前跑就是在做功。如果对某个物体做功，比如你把铅笔捡起来，就给它增加了能量。自然界中不同的能量形式与不同的运动形式相对应：物体运动具有机械能，分子运动具有内能，电荷运动具有电能，等等。

能量是不灭的，你不能消灭能量。当然，你也无法创造新的能量。宇宙中的所有能量从宇宙大爆炸开始就一直存在，尽管形式一直在发生改变。

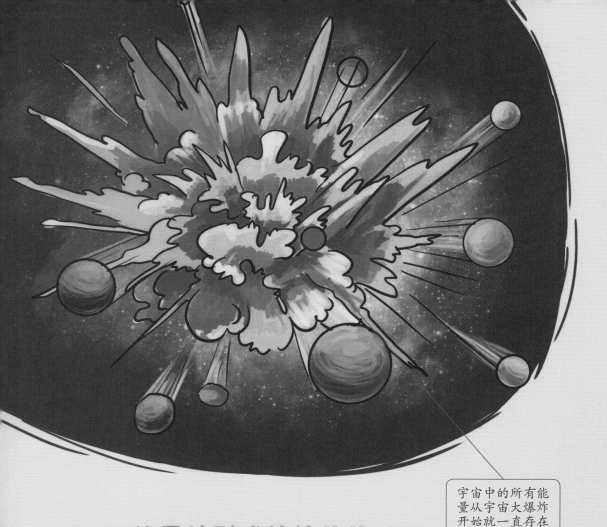

宇宙中的所有能量从宇宙大爆炸开始就一直存在

能量的形式林林总总

让世界运转的就是能量。在自然界馈(kuì)赠给我们的这个大礼包里，有各种形式的能量。

电能因为清洁、方便、高效、运输成本低，如今已经是日常生活中利用得较多的能量。

当物体位于高处、快速运动或发生弹性形变时，它就具有了机械能。机械能包括动能和势能。

石油和煤的燃烧、炸药爆炸、化学电池放电，这些反应的能量来源都是物质中储存的化学能。心脏搏动、奔跑跳跃、散发热量维持体温等都要消耗生物质能。生物质能也可以归结为化学能的一种。

除此之外，还有光能、磁能、核能、声能等各种形式的能量。

能量到底来自哪里？

能量从哪里来呢？地球上的能量有三大来源：太阳，地球本身，以及月球和太阳等天体对地球的引力。

地球上的大多数能量来自太阳的光和热，生命离不开太阳。太阳释放出热量和光能，种子利用热能和光能长成茂盛的植物。植物借助叶绿素的功能吸收利用太阳辐射能，通过光合作用将二氧化碳和水合成碳水化合物，长出果实，或者合成脂类、蛋白质。吃水果或其他食物的时候，化学能就会进入你的体内储存起来。当你运动身体或使用大脑时，化学能就转化为动能和热能。

牛肉最后会变成化学能进入我们的体内储存起来

地球上的大多数能量都来自太阳

哇，这草够我吃两天的了！

珍贵的石油、天然气和煤也与太阳密切相关。它们是深埋地底的远古生物的遗骸（hái），在几万年甚至是几亿年的时间里，经历复杂的变化和反应后最终形成的。来自太阳的能量还包括薪材等生物质能、水能和风能。

来自地球本身的能量，一种是地球内部蕴（yùn）藏的地热能，如地下热水、地下蒸汽、干热岩体；另一种是地壳内铀（yóu）、钍等核燃料所蕴藏的原子核能。

另外，还有一些能量是由月球和太阳等天体对地球的引力产生的，如潮汐能。

"超级英雄"也有弱点

哪个"超级英雄"都可能会有弱点，能量也一样。能量的弱点是，当能量形式转化的时候，不管从化学能变成动能，还是从化学能变成光能，总有一些能量会变成热能。

你肯定能感觉到，无论是使用电脑、电视、电灯，还是手机，它们都会发热。你做运动的时候，也会感觉热血沸腾。热量的好处很多，比如可以用它来加热食物，它也能让我们感到温暖。但是，和其他能量相比，想要存储或循环利用热能的难度就大多了，因此，多数热能都溜到了大气中。这样的结果是，热能在大气中堆积，使得我们地球的温度上升。

地球升温会造成一系列恶劣影响，如降水不均、冰川和冻土消融、海平面上升等。如今，气温升高已经危害到自然生态系统的平衡，如果继续下去就会威胁人类的生存。所以，如何好好利用能量，需要我们不断地深思和探索。

027

巨石机关利用了重力势能

储存和利用它！
能量的超级魔法力

小家伙们，有什么绝招，统统使出来吧。

能量可以让物体运动，能量还能改变物体的形状。但有时候我们无法直接利用能量，需要将某种能量转换为更适当的能量，或者先将能量储存起来，再来实现某种目的。人类在使用能量的时候，既要了解能量的特点，又要能操控它，以使能量能充分发挥它的超级魔法力。

超强的弹性势能

哎哟，可别砸到我。

歪了！再往右点。

好可怕，看不见我，看不见我。

别出馊主意了，你看得着吗？

028

能量可以被储存

我们需要能量的时候，怎么让能量随手可及，并且听凭我们控制呢？我们经常需要提前将能量存储起来，预先存储的能量被称为势能。以一个发条玩具为例：当我们需要发条玩具动起来时，我们要提前给它拧上发条。每拧一次，里面的弹簧就储存了弹性势能。弹簧释放的时候，它的势能就转化成动能，发条玩具就动起来了。

人们几乎每时每刻都在使用势能。我们身边很多东西都需要电池来供电，最常见的就是手机。电池储存了化学能，释放出电能。三峡拦河大坝能使上游的水位升高，提高水的势能，在需要发电的时候，闸（zhá）门打开，水的势能就可转换为电能。

大自然中也能找到势能。势能帮助我们储存能量，以供未来持续使用。

可恶，尝尝这个！

能量能够相互转换

自然界中各种形式的能量都不是孤立的，不同形式的能量会相互转化，同种能量也会在不同的物体间相互转移。所谓的"消耗能量""利用能量""获得能量"的实质是能量相互转化或转移的过程。自然界中物质运动形式的变化总伴随着能量的相互转化。

自然界进行的能量转换过程是有方向性的。不需要外界帮助就能自动进行的过程称为自发过程，反之为非自发过程。自发过程都有一定的方向，比如：水总是从高处向低处流

电灯将电能转换为光能

动，热量总是从高温物体向低温物体传递。

　　能量的利用方式因物种的不同而不同。萤火虫把化学能转化成光能，所以夜晚时，它的尾部会发光。一些深海动物也能把化学能转化成光能，比如深海水母。

　　很久以前，人们就知道怎样将能量进行转化。比如，在寒冷的天气里，用木头来生火取暖。虽然当时他们肯定不知道背后的原因是木头里的化学能转化成了热能。

　　人们煲（bāo）汤的过程中也伴随着许多的能量转化与变化。首先，天然气的化学能转化为热能，给锅加热，使锅的热能升高，锅的热能又传递给水，当水沸腾时，水蒸气掀动锅盖，则水蒸气的热能转化为锅盖的机械能。

　　那你知道身体是怎样转换能量的吗？当你喝汤、吃饭的时候，食物中的化学能转化成能使身体运动的能量，这样，你活动身体的时候，就会感觉精力旺盛，动力满满。

哎呀，水溢出来了。

还有哪些利用能量的方式？

　　将热能转换为机械能，是目前人们获得机械能的最主要的方式。热能转换成机械能的装置称为热机或动力机械。应用最广泛的热机有内燃机、蒸汽轮机、燃气轮机等。其中内燃机多被用于各种运输车辆、工程机械。蒸汽轮机可用来带动发电机发电，或作为大型船舶（bó）的动力等。燃气轮机是飞机的主要动力来源，也用作船舶的动力。

还有一种很有用的能源是电能。电能主要由机械能转换得到。在火力发电厂中，蒸汽轮机、燃气轮机带动发电机发电；在水电站中，人们先将水的势能转换成水轮机的机械能，再带动发电机发电。

看什么看，我肚子里可都是知识。

小贴士：大自然的能量储存

大自然一直都在储存能量。植物吸收太阳能并合成碳水化合物。经过几百万年，这些碳水化合物就转化成了油或煤。此外，动物会用脂肪来储存能量。不过，太多的脂肪对人体来说并不是件好事哟！

而电能可以被转换为更多种能量为我们所用：电灯将电能转换为光能，为我们照明；电熨斗将电能转换为热能，将衣服熨（yùn）烫平整；电视将电能转换为光能和声能，带给我们生动的视听感受……

电风扇将电能转换为机械能

一起来
保护能源吧!

人们的生活处处离不开能量。人们用什么来做饭、取暖、使汽车行驶、让电器工作?人们利用的是柴草、煤气、煤、天然气、石油、电等产生的能量。江河里的水流、太阳光、流动的空气都可以作为能量的来源。你知道能源可以分为哪些类别吗?你知道如何保护能源吗?

清洁、环保的可再生能源

自然界中可以不断再生、持续使用的能源被称为可再生能源。

太阳能可以提供热量,或者通过太阳能板转化成电能。水能也时常被利用。人们可以将流动的水产生的机械能转化为电能,即使很小的水电站也可以产生很多电能。风能也是一种可再生能源。风使涡(wō)轮的叶片转动,将动能转化为电能,不会产生污染环

境的有害气体。

太阳能、水能和风能都是清洁环保的可再生能源。但由于使用效率问题，它们的使用范围仍远不如化石燃料。科学家仍在努力，试图找到安全且高效的新能源。

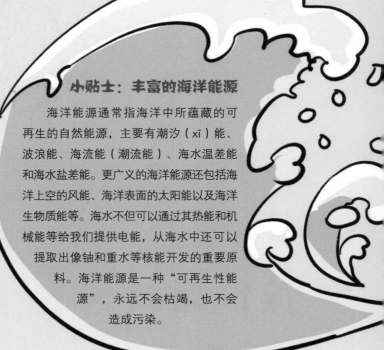

小贴士：丰富的海洋能源

海洋能源通常指海洋中所蕴藏的可再生的自然能源，主要有潮汐（xī）能、波浪能、海流能（潮流能）、海水温差能和海水盐差能。更广义的海洋能源还包括海洋上空的风能、海洋表面的太阳能以及海洋生物质能等。海水不但可以通过其热能和机械能等给我们提供电能，从海水中还可以提取出像铀和重水等核能开发的重要原料。海洋能源是一种"可再生性能源"，永远不会枯竭，也不会造成污染。

不可再生能源——化石燃料、核能

化石燃料是由碳氢化合物（只由碳和氢构成）组成的，并由地球深处的史前动植物遗体经过分解形成。我们使用的大部分能量来自化石燃料的燃烧。我们主要使用的化石燃料为煤、石油和天然气，这些燃料可以燃烧释放能量，用于发电。

除了发电，化石燃料还可以用在许多方面。小汽车、公共汽车、火车和卡车使用石油产品，如汽油和柴油。石油和天然气可以为我们的家庭供暖。在过去，使用煤作为家庭燃料十分普遍。将开采的原油分离可以用来生产各种化合物，比如，马路上的沥青，农业中的化肥和杀虫剂，日常生活中使用的塑料用品等。

煤炭的形成

没想到亿万年后，我还能继续发光、发热。

核能在使用时不会产生大量二氧化碳，却仍然可以获得大量能源。核能源于核矿石内的能量，核矿石属于矿产资源，也属于不可再生资源。

优化能源利用，一起来过低碳生活

化石能源与核能都属于不可再生能源，用掉一点，便少一点。

能源使用也有副作用。化石燃料在燃烧时会排放出大量的废气、废物，从而严重污染空气、破坏环境。而且这些废气还会在地球大气层中积累导致地球变暖，带来更多的安全隐患。酸雨就是由于空气污染造成的，酸雨污染森林、河流、湖泊和小溪，甚至威胁野生动物的生存。雾霾（mái）也是一种空气污染，会引发人类呼吸道疾病等。

怎样做才能减少能源利用对地球造成的负面影响呢？在更安全高效的新能源找到之前，我们要节约能源，这样就会减缓全球变暖的速度，现存的能源也可以持续更长时间。

节约能源的意思就是合理地利用能源。这就意味着要改变高耗能的生活方式，倡导绿色节能的低碳生活。比如，离开房间时别忘了关灯；能回收利用的东西不要随便扔掉；出游时，多骑行或乘坐公交车等公共交通工具，减少开车；少用一次性用品；控制电器待机时间；节约用水……

节电、节油、节气等减少使用能源、降低二氧化碳排放量的行为，都属于低碳生活。一起来过低碳生活吧！

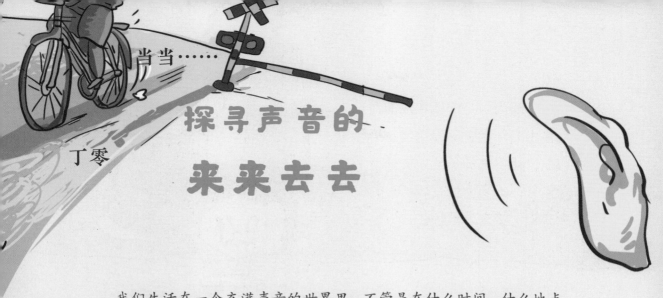

探寻声音的来来去去

我们生活在一个充满声音的世界里。不管是在什么时间、什么地点，总有各种各样的声音伴随着我们。人们的脚步声，市场里的叫卖声，街头的汽车奔驰声，交谈时的说话声，呼呼的风声，沙沙的树叶声，潺（chán）潺的流水声……无论是城市的喧嚣（xiāo），还是自然的低语，世界很少有沉静的时候，每时每刻都有声音从各个角落里发出来，在空气中漫游，让世界热闹而生动。声音到底是怎么一回事呢？

声音是什么？

声音是能量的一种形式。它是物体振动时产生的一种机械波，能使我们的听觉器官发生反应。不论是气体、液体还是固体，只要振动都能发出声音。

当一个物体振动时，它会向四周发出声波，声波借助空气中的微小粒子传播。声波到达你的位置时，会先碰到你耳朵里一块柔软、半透明的薄膜，它引起薄膜振动；薄膜又带动耳朵更内侧的听小骨振动；接着声音再被传入耳朵深处的螺旋形管子——耳蜗

> 汪！天哪，人类居然吃这个。

中；耳蜗内满是液体和浸润在液体中的毛发，毛发受震动后弯曲；接下来神经就向大脑发送信号，听觉中枢收到信号，大脑就"听到"声音了。

声音是怎样传播的?

声音能在固体、液体和气体等一切物质中传播。如果你在一根细线的中间绑上一个金属叉子，线两头分别在双手食指上

小贴士：伏罂（yīng）而听

古时候，为防止城外的敌人凿（záo）地道来攻击，人们会在城内挖一口井，在地下埋一个装酒的大腹小口的坛子（圆形陶器，即罂），找一个听觉很灵敏的人伏在地上去侦听，这样就能知道敌人挖的洞穴的位置，进而准确地对付敌人。"伏罂而听"就是利用了声音在固体中传播更快的原理。

多缠绕几圈，然后把食指插入耳朵内，再用叉子撞击坚硬的物体，你就能听到像敲钟似的响声。这是因为金属叉子受到撞击时，产生了振动，振动通过细绳和手指传入耳膜。

声音遇到松散的、柔软的、有弹性的材料时，传播的效果就大打折扣。在北方，人们常常在门上挂一个厚门帘，除了有防寒作用，也可以吸收声音。

隔音的门也往往蒙着一层很厚很软的材料，就是为了吸收声音的波，起到隔音的效果。

声音传播的速度因传播的介质而异。一般来说，声音在固体中"跑"得比液体中快，在液体中又比在空气中快。

回声是怎么一回事？

二虎虎……

二虎……

声音是以波的形式进行传播的，波在前进的道路上遇到阻碍时，就会被反射回来，所以你常常能听到回声。

我国古人很早就在建筑上巧妙地应用了回声的这种特性。比如，我国首都北京天坛的回音壁和三音石。回音壁由磨砖对缝砌（qì）成，光滑平整，且具有合适的弧度，有利于声波的规则反射。两个人分别站在东、西配殿后，贴墙而立，一个人靠墙向北说话，无论说话声音多小，另一个人都能听得清清楚楚，仿佛就在身边。

不过，我们日常生活中通常是不需要回声的，尤其是在一个宽敞、巨大的大厅或演播厅里，清晰、响亮才是我们需要的声音效果。那么，在大厅里要怎样避免回声呢？以宽广的人民大会堂为例。为了消除回声，墙壁被设计和制作成了凸凹不一的形状，声音在传播的过程中，因为墙壁凸凹不平，声波反复反射，声音的能量损失了，声音的"波"就无法正常反射回去了；同时，再加上柔软性的墙面材料及吸声效果灯，还有很多高科技的消声设备，就将回声的问题彻底解决了。

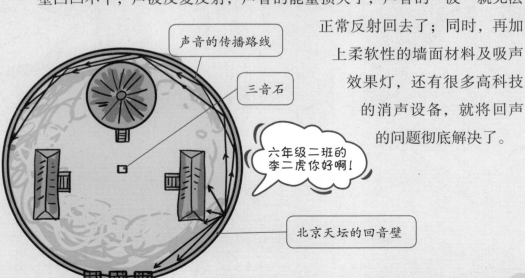

声音的传播路线

三音石

六年级二班的李二虎你好啊！

北京天坛的回音壁

"听" 起来没那么简单！
怎样区分声音？

声音是一种压力波，波具有频率。自然界中，声音的表现多种多样，声音的变化多姿多彩，这与它作为波的属性密切相关。请你回想一下牛和蚊子的声音，描述一下它们有什么不同。日常生活中，通过识别和判断声音能帮助我们做很多事。不过，只有了解清楚了声音的属性，我们的耳朵才会更有辨别力哟！

为什么有些声音高，有些声音低？

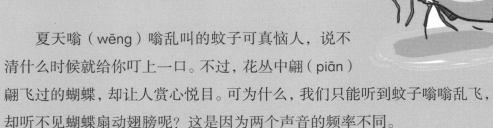

夏天嗡（wēng）嗡乱叫的蚊子可真恼人，说不清什么时候就给你叮上一口。不过，花丛中翩（piān）翩飞过的蝴蝶，却让人赏心悦目。可为什么，我们只能听到蚊子嗡嗡乱飞，却听不见蝴蝶扇动翅膀呢？这是因为两个声音的频率不同。

声音的高低程度叫作音调。音调的高低是由振动频率决定的，频率指的是物体在 1 秒钟内振动的次数。频率大，说明振动得快，会发出高频声波；频率小，说明振动缓慢，产生的就是低频声波。频率的单位是赫兹（hè zī）（Hz）。

蝴蝶的翅膀每秒振动 5 ~ 6 次（1 秒钟内扇动 5 ~ 6 次，频率就是 5 ~ 6Hz），蚊子的翅膀每秒振动 500 ~ 600 次（频率为 500 ~ 600Hz）。人耳能听到的频率在 20 ~ 20000Hz 之间，所以，我们真的很难听到蝴蝶振翅的声音。

"振聋发聩" 和 "低声细语"

声音不但有高低，而且有强弱，我们通常说声音的大小。有的声音很洪亮，振聋发聩（kuì）；有的声音很微弱，像人的低声细语。声音的强弱不同，这叫作响度。

响度和声源的振幅有关。振幅反映声波中能量的大小：振幅越大，波的能量就越大，声音就越响；振幅越小，波的能量就越小，声音就越轻微。一根针掉在地上的微弱的声音相比于喧天的铜锣声，就像豆芽菜之于参天巨树。

声音在传播过程中，音调是固定不变的，但响度却发生变化。因为响度还与发声体的远近有关。老师在讲台上讲课，前排的同学可能觉得老师声音很响亮，后面的同学则可能觉得稍小一些。为了减少声音在传播过程中的分散，我们常会双手作喇（lǎ）叭状喊话，使响度增大。

音色是什么意思？

回到开头那个问题：比较牛和蚊子的叫声，怎么来说出它们的区别呢？从音调和响度上来说，牛的叫声音调低、响度大，因为它的声带振动频率低、振幅大；蚊子的叫声音调高、响度小，因为翅膀振动的频率高、

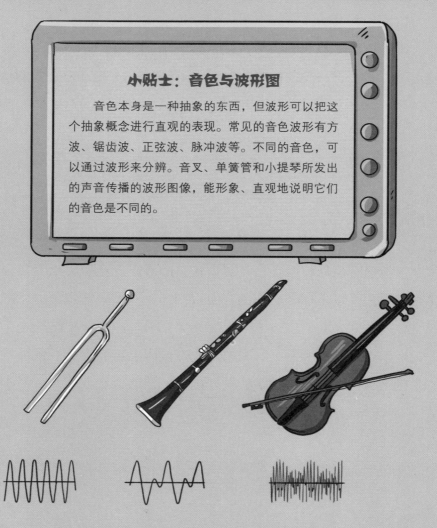

小贴士：音色与波形图

音色本身是一种抽象的东西，但波形可以把这个抽象概念进行直观的表现。常见的音色波形有方波、锯齿波、正弦波、脉冲波等。不同的音色，可以通过波形来分辨。音叉、单簧管和小提琴所发出的声音传播的波形图像，能形象、直观地说明它们的音色是不同的。

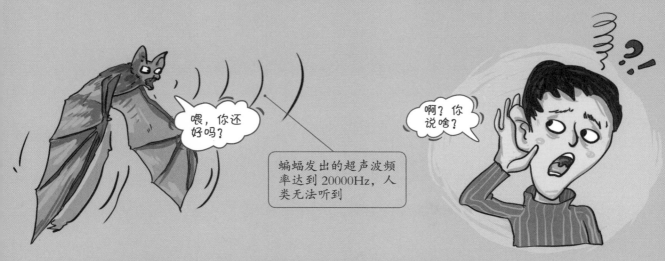

振幅小。但是，如果把它们的音调和响度都调成一样，那么，叫声会变成一样的吗？

回答是，不！尽管不同物体的音调、响度可能相同，但音色却一定不同。音色是声音的特色。由于材料、结构不同，不同的发声体发出声音的音色也就不同。

人听不到的也叫声音吗？

人的听觉也是有限的。人们把人类听不到的频率在 20Hz 以下的声音称作次声，而把人类听不到的频率在 20000Hz 以上的声音称作超声。

在 2004 年东南亚地区发生的特大海啸中，一些大象听到了海啸产生的次声波，便惊恐地驱赶一些游人向高处奔跑，使这些游人免遭劫难。

蝙蝠也有一种特别的"听觉"，它拥有一种既能发射，又能接收频率 20000Hz 以上声音的超声器官。所以，即便是在漆黑的夜间，或者复杂的地形环境中，它也能探知前进中的各种障碍，自由飞翔。

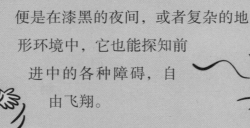

婴儿的哭闹声却声声入耳

我们用
声 音 来 做 什 么？

我们在生活中，几乎离不开声音。我们通过发出声音和倾听声音来与他人交流谈话，进而交换信息或交流情感。除此以外，生活中还有很多地方我们用到了声音，但可能没有在意，

咚咚……

设问题，我肯定不会卖你生瓜蛋子。

老板你敲敲这个熟了吗？

西

什么时候才能轮到我呢？

熟瓜

生瓜

比如：隆隆的雷声预示着一场大雨即将来临；往水瓶中倒水时，听声音判断水瓶是否快被倒满……除此以外，我们还能利用声音来做什么呢？

用多长的绳索能测距呢？

根据声音可以判断物体好坏

在日常生活中，人们可根据声音判断物体的好坏。很久以前人们就发现，敲钟的时候，好钟能发出响亮、浑厚的声音，破钟却只能发出浑浊声或发不出声音。这是因为完好的钟各部分能一起振动，而内部有裂纹的钟，由于各部分不能一起振动，发出的声音就有所不同。

用敲击听声判断物体内部情况的方法被运用在了很多方面。挑西瓜时，弹一弹或者拍一拍，能试出西瓜的成熟度：熟西瓜声音低沉响亮，生西瓜声音脆，烂西瓜"噗噗"作响。买瓷器时，通过敲击听声可以判断瓷器是否优质。工人师傅用锤子轻轻敲击机器部件，可以判断机器是否存在损伤，或者连接处有无松脱。

深度：3500 米

用声音做标尺

20 世纪初，号称"永不沉没"的客轮泰坦尼克号在进行处女航时，与冰山相撞。泰坦尼克号沉没后，人们在想：如果能早点发现冰山，不就能挽回更多人的生命吗？

经过科学家的研究，回声被正式使用在航海中。1914 年，世界上第一台回声探测仪诞生，它能准确发现 3000 米以外的冰山。后来，人们又受到启发，开始利用声音从海底的反射来测量海洋的深度。

具体的方法是：通过船底附近的有声装置发出较大的声音，声波到达海底反射回来，由装在船底的灵敏的仪器接收。通过声音传播的时间和在水中传播的速度，就可以计算出发声位置与反射面的距离，这样也就测出海洋的深度了。通过超声波，探测深度已达到了 1.1 万米。通过这种方法还可以勘（kān）探海底的地形，以及进行石油勘探。

次声波与超声波大显身手

频率高于 20000Hz 的声波被称为超声波。超声波的特征是频率高，波长短，绕射现象小。用普通测量仪器很难进入的物品，用超声波却可以一探究竟，比如，检测金属、陶瓷以及厚实的混凝土制品里面有无气泡、空洞或裂纹等。

超声波也经常被用于医疗诊断中：将弱超声波透入人体内部，超声波每次遇到脏器的界面时，便会发生反射和透射，仪器根据这些情况形成详细的超声波图片，可以让医生了解人体内部脏器的大小、所处位置等情况，并诊断出可能发生的病

超声波洁牙器的刀头每秒振动 2.5 万～3 万次，从而震碎牙石

变。外科医生还会利用超声波除去人体内的结石，牙医会用超声波来帮你清除牙垢（gòu）……

频率小于20Hz的声波，叫作次声波。次声波频率低、声波长，因而穿透力极强，不容易衰减，传播距离远。我们听不见的次声波，却广泛存在于人类生存的环境中，如火山爆发、地震、风暴、火箭发射、核爆炸等都能产生很强的次声波。为此，人们建立次声波接收站，可以监听几千里外的核武器试验、导弹的发射。甚至还有科学家研制出了"次声炸弹"，利用它使人受到精神刺激。

声音也是"身份证"

指纹一直被看作是人的"特殊身份证"。现在，人们发现，声纹也有辨认身份的作用。所谓声纹，是用电声学仪器显示的携带言语信息的声波频谱。专家发现，一个人过了发育期后，一直到他50多岁，声纹基本上没有变化。从某种意义上来说，声纹也是人体的一张"特殊身份证"。

为什么每个人的声纹都会有差异呢？那是因为人的发声器官是不一样的，而且人们在学习语言时，都会拥有自己独特的发声习惯，这就让声音有可辨别性。即便是两个长相一模一样的双胞胎，也都有不一样的声纹！

047

要有光！
光成就了缤纷多彩的世界

你有没有好奇，为什么你的眼睛能看到东西？如果你在看书，附近就一定要有光，不管是太阳、电灯还是小小的一根蜡烛。对，正是有了光，我们才能看见这一切。那么，光是什么？古人曾经认为，光是从眼睛里射出的特别细的触须，触须伸到哪里，眼睛便能看到哪里。后来，还有人认为光是沿直线高速运动的粒子流，人的视觉就是光粒子进入眼睛引起的。关于光是什么，千百年来众说纷纭，一直到20世纪，人们才揭开了光的神秘面纱。

哇！我看到极光啦！

不知道这有什么好看的。

光是什么？

　　光由一种名叫"光子"的微波能量粒子构成，当它做着极小的波动直线运动时，一种新的东西——光线就产生了。光由一系列的波峰和波谷组成，就像波浪一样。

　　光的本质是电磁波。电磁波的波长不同，性质也有所不同。动物和人眼只能看到波长在特定范围内的电磁波，这种电磁波又叫可见光或光波。可见光是整个电磁波谱中极小范围的一部分。在这一部分中，不同的波长给人眼造成不同的颜色感觉，分为红、橙、黄、绿、蓝、靛（diàn）、紫。

　　光既可以在空气、水等物质中传播，也可以在真空中传播。在同一种介质中，光沿着直线传播。如果站在黑漆漆的屋子里，用手电筒对着墙壁照射，你就会发现这一点。光波不会转弯，传播路线也不会弯曲，除非碰到其他物体。光的速度奇快无比，它一秒内跑的距离相当于绕地球赤道七圈多。

可见光

人眼能看到的只是特定波长的电磁波。

光与生命息息相关

　　光使周围变得明亮，变得温暖，还能使胶卷感光……所以，光具有能量，这种能叫作光能。光能可以通过很多方式转换成其他能量，例如：通过植物的光合作用，光能可以转换成化学能；通过照射物体，光能可以转换成热能，还可以转换成该物体的动能（辐射压力）；通过太阳能

电磁板，光能可以转换成电能……

没有光，世界将一片黑暗，生命难以存续。光源通常分为：自然光和人造光。自然光来自太阳。生活在地球上的人类无时无刻不在享受着太阳赠予我们的一切。毫不夸张地说，我们使用的能源大部分都来源于太阳。

地球上的各种动物和植物都需要利用太阳光来制造食物和氧气，我们所吃的食物、所呼吸的氧气都可以追溯到这些动物和植物，进而追溯到光。今天我们生活的运转离不开各种机器的运转，而机器所需的燃料也是由生物遗骸（hái）变化而成，它们蕴含的能量最初也来源于太阳光。人们重复着日复一日的工作、生活，阳光也这样日复一日地照耀了地球46亿年。

光与颜色的关系

我们看到的太阳光好像只有一种颜色，其实，太阳光并不是纯色的。光线经过三棱镜时，就会形成人类肉眼看得到的"彩虹"，这种"彩虹"就是人们常说的"可见光"，它是由红、橙、黄、绿、蓝、靛、紫七种色光组成的。这个结论是由英国的大科学家牛顿于 1666 年通过实验得出的。把可视光线的颜色都混合起来就会成为白色。

我们都知道，颜料有三原色——红、黄、蓝，用这三种颜色按适当比例混合后，可以获得任何一种颜色。同样，色光也有三基色——红、绿、蓝。大多数的色光可以通过红、绿、蓝三色按照不同的比例合成产生。

彩色电视机就利用了三基色原理。无须逐一去传送各种的彩色信号，而只需将各种彩色分解成比例不同的三基色传送出去，再将三基色相加混色，即可在电视机屏幕上产生丰富多彩的视觉效果，神奇吧！

三基色让我显现出缤纷多彩的世界。

与光的吸收、反射、折射有关的光学现象

　　我们生活在五光十色的世界里，会接触到许多光学现象，你肯定会生出许多疑问：在明亮的太阳下，大地万物为什么会呈现各种不同的颜色？影子是怎样形成的？日食和月食的原理是什么？星星为什么会眨眼？……这许多的问题都与光的传播有关。

万物为什么呈现不同颜色？

　　花园里的花朵在阳光的照耀下争奇斗艳，每朵花都呈现出与众不同的美丽色彩。阳光下的花朵，甚至于天底下的种种事物，为什么会呈现出不同的颜色呢？

　　太阳光是由红、橙、黄、绿、蓝、靛、紫七种色光组成的，光照射在物体上会发生三种情况：

嘿,地球上的小伙伴,你好!

光被物体吸收;光穿透物体;光被反射出去。不同的物体,吸收和反射的光是不同的。当白光照射到一朵红玫瑰上,红玫瑰吸收了光波中除红色以外的其他颜色的光,只把红光反射出去。红光进入了你的眼睛,你就看到了一朵红玫瑰。所以,你明白了吗?物体会吸收除它自身颜色之外的所有颜色的光,而反射出它自身的颜色的光。

而透明物体的颜色是由透过它的色光决定的,如红色塑料片呈现出红色,就是此塑料片可以让红色光通过,而其他色光都不能通过的结果。

影子、日食、月食如何形成?

光在传播过程中,碰到有些物体,可以很容易穿过;但有一些物体,光却无法穿过。比如,你无法穿透砖墙看到对面的人,因为砖墙是

小贴士:再快的光也"跑不过"宇宙

光在真空中传播的速度大约为 30 万千米/秒,这是不是已经非常快了呢?不过,宇宙实在太大了,以至于有时候速度如此之快的光跑起来都要很久很久。我们仰望的太阳其实是大概 8 分钟以前的;我们看到的星星也许是 100 年前的;我们从天文望远镜中看到的遥远恒星,它们的光线可能是在几十亿年以前发出来的。难怪一些科学家说:"光像蜗牛一样在宇宙中爬行。"不过,到目前为止,人们还没有发现比光运动得更快的东西。

不透明的。这些不透明的物体会吸收掉一些光，然后将其他的光反射出去。光被不透明的物体阻挡，便形成了影子。

影子的形成原理也可以用来解释天文现象：日食和月食。当月球运行到太阳和地球中间，并且"三球"在一条直线上时，太阳光沿直线传播过程中，被不透明的月球挡住，月球的黑影落在地球上，就形成了日食。

同样，当地球运行到太阳和月球中间，并且"三球"在一条直线上时，太阳光沿直线传播过程中，被不透明的地球挡住，地球的黑影落在月球上，就形成了月食。

为什么星光会闪烁？

在晴朗的夜晚，夜空中的星星总是对着我们不停地"眨眼睛"，这是为什么呢？原来，这是光的折射造成的。光虽然是沿直线传播的，但它总能找到机会走捷径，比如当它从一种均匀介质（如水、玻璃、空气等）进入另一种均匀介质时，如从空气到水或者由水到空气，由于在这两种介质中的传播速度不同，到了分界面上光就会转个弯，沿一条折线跑。光在传播过程中的这种转折现象，叫作光的折射。

地球的大气层总是在不断地移动，有时紧密，有时稀疏，所以它的密度很不稳定。密度的不断改变引起了空气折射率的不断变化，星光在经过大气层时就会发生折射。所以，我们总是看到天上的星星一会儿亮一会儿暗，一闪一闪的。

星星为什么会眨眼呢？在和我打招呼吗？

用光
来造福人类

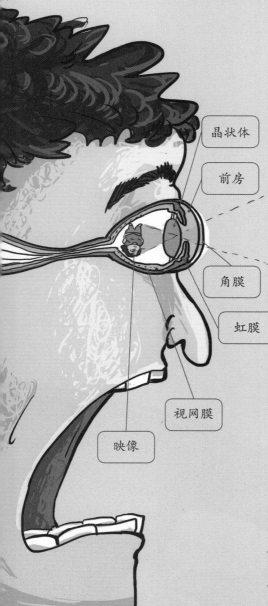

晶状体

前房

角膜

虹膜

视网膜

映像

每天我们都在使用光。光与空气一样，是生活和工作中不可缺少的部分。利用光的折射与反射现象，人们发明了梳妆镜、哈哈镜、眼镜、望远镜、显微镜、照相机等。作为能量的一种形式，人们发明了太阳能热水器、太阳能电池板等。人们还学会了利用红外线、紫外线这些不可见光，以及"最亮的光"——激光……人们对光的研究和使用从来没有停止过。因为有了对这些光的应用，生活才显得更加美好。

有趣的哈哈镜与身手不凡的透镜

在生活中我们经常会用到镜子和各种透镜。

当遇到无法穿透的障碍时，光就会被反射回来。比如，你从镜子中看到的自己，是照到你身体的光线经过镜子反射，再回到眼睛后形成的像。搞怪的哈哈镜是由凹凸不平的玻璃构成的。凹面镜会把镜像缩小，凸面镜会把镜像放大，两者一结合就把人照出了奇形怪状，有的挺胸凸肚，有的头大身小，有的左右扭曲……造成了令人捧腹大笑的效果。

光在照到另一些物体，前进方向发生偏折的现象，就是折射。透镜是使光线发生折射的一种工具，它的作用是聚光和散光。我们的眼睛中的角膜、房水、晶状体和玻璃体，其实就是一个个透镜，组合形成一组复合透镜，让我们能看到东西。如果人们的"透镜"出了问题，眼睛屈光不正，那么你需要用透镜矫正视力——使用凸透镜将光线汇聚，以纠正远视；使用凹透镜使光线散射，来纠正近视。

利用透镜组，人们还设计出了很多的光学仪器，如望远镜、显微镜、照相机、投影仪等。这些仪器的发明极大地方便了人们的生活。

嗯，看起来最近又瘦了。

杀菌的紫外线

紫外线能透过空气来杀灭细菌。我们经常会在食堂或餐厅里见到杀菌消毒机，这种机器就利用了紫外线。利用紫外线照射，可使菌体蛋白发生光解、变性，菌体的氨（ān）基酸、核酸、酶（méi）遭到破坏死亡。人们经常把

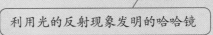
利用光的反射现象发明的哈哈镜

被子拿到阳光下晒，也是因为太阳光中有紫外线，可以给被子清洁杀菌。

日光中的紫外线还能提高中枢神经系统的紧张度，增强全身各器官的功能。所以，人们常常会在久雨后的晴天、寒冬清晨的日出时，感觉到身体舒坦，精神振奋。

在医学上，人们通常会将从人工光源获得的中波紫外线和长波紫外

线用于治疗各种急慢性皮肤病。不过，日常生活中，如果过多被紫外线照射，则有可能会被灼伤或引发皮肤癌（ái）。

光缆与因特网

　　有时候，光线因为一再反射，会困在物体内，这就是全反射。通常情况下，一些光波会被周围的环境所吸收，但是，在发生全反射时，光完全没有被吸收。

　　光缆就是利用全反射将光信号输送到电话、因特网和电视的。以因特网为例，在传播的时候，电脑的调制解调器将电信号转化为光信号。这些光信号借助全反射，在光缆中传播。信号到达另一台电脑后，光信

光缆帮助两台电脑传递光信号

号又重新转化为电信号。在这个过程中，因为光信号的损耗很小，所以可以将非常清楚且非常强的信号传播非常远的距离。

> **小贴士：纤细而强大的光纤**
>
> 在光缆的内部，包裹着光纤。光纤是一种能够传导光波和各种光信号的纤维。光纤由于具有柔软、不怕震、抗电磁干扰性强、通信容量大、成本低以及弯曲时也能传播光和图像等优点，在医学、国防、通信等领域得到了广泛应用。除了因特网，人们最熟悉的应该就是在医学领域的应用了。利用含有光纤的内窥（kuī）镜等精密仪器，外科医生能够探查人体内部某一较小范围，通过遥控进行观察并做手术。

希望之光——激光

也许，说起激光，你会先想到科幻电影：一柄激光剑发出幽蓝的光束，它横扫之处火花四溅，敌人进而四分五裂，成为一堆废铁……

激光不仅在科幻电影里是英雄，它在现实生活中也处处显威力。激光是 20 世纪以来，继原子能、计算机、半导体之后，人类的又一重大发明，被称为"最快的刀""最准的尺""最亮的光"和"奇异的激光"。激光已经被应用到生产生活中的各个领域，老师会用激光笔上课，建筑工人会用激光校准仪检查房屋是否倾斜，医生会用它摘除病灶，自动驾驶汽车使用激光雷达提供驾驶依据……激光切割、激光测距、激光雷达、激光武器、全息摄影、光纤通信，统统离不开它。

激光雷达与摄像头、毫米波雷达等共同构成了汽车感知外部的"眼睛"

呜哇，吓我一跳。

吱——

嗞嗞嗞!
电无处不在

生活中的各种电子产品都需要电来使用

人们通常看不到电，"嗞（zī）——嗞——嗞"只是电的一种表征，常常用来代表"此处有电，请小心！"。电看似无声地运行，但实际上电无处不在。

电是一种能量。能量让物体运动和工作！电是人类世界的劳动模范，人们用电来做各种事情：在家里，人们用电把空间照明，让电器、电子产品发挥功用；在公共场所，电启动汽车，让地铁运行，电更被用来支持各种器械、机械的运行……没有电，人们的生活会陷入黑暗。

质子

正负抵消电荷为零

电子

哎哎，不带用头的啊！

自然界中的电

不过，电并不是人类的创造发明，电是自然界的一部分。在雷电交加的夜晚，你能很清楚地看到闪电。闪电是一种纯粹的电。事实上，所有的物质都带有电，包括人类。电一直活跃在我们的体内。你的一举一动，一颦（pín）一笑，甚至你的每个思考都是电产生的结果。你的眼睛、你的耳朵通过电信号把信息传递到大脑，告诉

你的大脑，眼睛看到了什么，耳朵听到了什么……你的大脑也通过电信号给你的身体部位发出指令信息，比如，告诉你的手把看到的苹果拿起来吃掉。

任何物质都带电。所有的物质都是由原子构成的，我们可以简单地将原子的种类叫作"元素"，目前自然界中已知的元素大约有 100 种。原子的中心是带正电荷的原子核。原子核则是由质子与中子组成的，其中质子带有正电荷。在原子核的周围，还存在比质子和中子都要小的电子。电子一般带有与质子等量的负电荷，从而使整个原子会因正负平衡而对外不显电性。所以，你通常会以为很多物质是不带电的。

电的产生

不过，原子还有一种特殊能力——它可以得到或失去电子。一旦这种情况发生，原子就带电了。电子的移动形成电流。

得到电子的原子　　电子　　失去电子的原子

再见，我和他走了。

当两个物体互相摩擦时，一个物体原子中的电子会摆脱束缚，向另一个物体上转移。这时，由于原子中心的原子核内质子是不动的，所以得到电子的一方，就会因携带负电荷的电子增多变成带负电的物体。相反，失去电子的一方，因原子核中质子的正电荷不变，负电荷减少后就变成了带正电的物体。

某些物体特别容易获得电子或失去电子。如果你用塑料气球在棉质T恤（xù）衫上摩擦，一些电子就会离开T恤衫，"粘"在气球上。这时，气球就带有微弱的负电荷，而T恤衫则带有微弱的正电荷。正负电荷相互吸引，因此，你会发现气球"粘"在了T恤衫上。塑料和羊毛都是绝缘体，即会积累电荷，而非将电荷传递的物质（就像存储热量的热的不良导体一样）。积累电荷就会携带名叫"静电"的电能。

静电和电流

物体摩擦时所转移的电荷叫作"静电"，也叫作"摩擦起电"。

静电可能非常强大。比如，在暴风雨天气时，云层水滴相互摩擦，云层底部就会形成强大的负电荷，云层会通过在天空划过闪电的方式，将积累起来的电荷释放掉（放电），或者说释放到带有相反电荷的某一位置，比如，另一块云的顶部或是下方的地面。

你也许亲身感受过普通的静电。当你拖着脚走过地毯，然后用手去触碰门把手时，你猜会发生什么？你可能会被电到！你的脚和地毯之间的摩擦导致电子从地毯传到你的身上，你的身体得到了额外的电子，你

就带上了负电荷，当你触摸门把手时，电子又从你的身体传到了门把手上。有时候，你还能看到、听到，甚至感觉到静电。冬天的时候，你在黑暗的房间脱下毛衣，能看到衣服上像"火花"一般的光亮，你还能听到它噼啪作响，甚至能感觉到它给你的皮肤带来的轻微刺痛。

与之相对，存在于电池或家中插座里的则叫作"电流"。电流不会在物体中堆积，而会流经物体。为什么会这样呢？请继续阅读，寻找答案吧。

小贴士：几种常见物质带电列表

带正电 ⊕								带负电 ⊖														
人的毛发	玻璃	羊毛	尼龙	人造纤维	绢	棉	麻	木材	人的皮肤	玻璃纤维	醋酸纤维	纸张	胶木	橡胶	聚苯乙烯	醋酸纤维	聚丙烯	聚酯纤维	丙烯纤维	聚乙烯	玻璃纸	聚氯乙烯树脂
容易带电							不易带电						容易带电									

跑起来吧，电子
——电流的发明

正如静止的空气不能推动风车一样，人们也不能用静电给机器供电。要想让电灯和冰箱等电器正常工作，就需要电子在电路的电线内部流动。那么，怎样才能形成持续、稳定的电流呢？

电流是如何形成的？

一个简单的电路有四个主要部分：电源、用电器、开关，以及连接它们的导线。

电可以通过物体流动，这种物体就是导体。金属是导电性能很好的导体，常用来制作电线。在金属中，电子分散在原子核周围，形成云状。这些电子很容易移动。

电流并非自然而然就可以在电线中流过，我们得有一个提供电能的装置——电源，比如手电筒中的电池或者发电机。在电源电压之下，导体内产生电场，电荷在电场的作用下移动，形成电流。

电路中还需要用电器，如果没有用电器，而让电源的正极和负极直接相连，这时就会发生所谓的"短路"。短路不仅会浪费许多电能，还非常危险，它会产生大量的热量，甚至有可能引发火灾。

我们还需要一个开关，开关就像一个接口，帮助你控制电荷的流动。

我们可以把电路想象成一个环形的赛道，电荷就像绕着赛道行驶的汽车。开关闭合后，电荷从电源的负极出发，通过关卡（用电器）并回到电源的正极。只要开关没有断开，就将形成持续电流。

塑胶、橡胶等绝缘体

铜等导体

橡胶制成的绝缘手套

小贴士：电流的"左膀右臂"——导体和绝缘体

在有些材料中，电荷受到的束缚力很小，它们容易自由移动，这类物体叫作导体。金属、人体、大地等都是导体。在有些材料中，电荷几乎都被束缚在原子或分子的范围内，很难随意转移，这类物体叫绝缘体。橡胶、塑料、玻璃、空气等都是绝缘体。

导体和绝缘体都是电工材料，它们有时相依相伴。比如，电线的金属芯是导体，它的外面包裹的橡胶则是绝缘体，一个让电流顺利通过，一个把电锁在电线里防止漏电，两者各尽所能地为人类服务。

电池是如何工作的？

电池就像一个具有神力的瓶子，它将巨大而无比神奇的电装进瓶中，为人们所利用。电池是如何工作的呢？

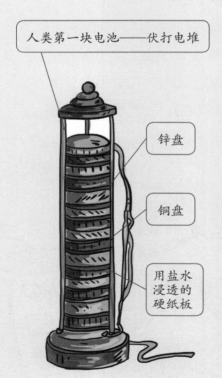

人类第一块电池——伏打电堆

锌盘

铜盘

用盐水浸透的硬纸板

我们常使用的电池都含有一种糊状物（电解质溶液），以及两个金属电极（两极的金属不同）。这两种不同的金属浸入相同的电解质溶液中，其中一种将获得电子，而另一种将释放电子。电子浓度的这种差异导致金属之间产生电势差（也叫电位差或电压）。就像水有水位差，会产生水流，电有电位差，也会产生电流。电流在电源内部的通路称为内电路，电流在电源外部的通路称为外电路。

电池在工作时，电流由正极经外电路流到负极，再由负极经内电路流向正极。电池向外电路输送电流的过程，叫作电池的放电。放电时，电池的两个电极上都有化学反应，放电过程一直进行到电路断开或者一种化学反应物质耗尽。

直流电与交流电之争

　　交流电是指大小（幅度）和方向都发生周期性变化的电流。生活中插墙式电器使用的是民用交流电源。而直流电是指方向不随时间发生改变的电流，但电流大小可能不固定。生活中使用的可移动外置式电源，如干电池、锂电池、蓄电池等，提供的就是直流电。

　　交流电机可以很经济方便地把机械能、化学能等其他形式的能转化为电能，并且能方便地通过变压器升压和降压，这给配送电能带来极大的便利。

　　直流电的优势在于：在长距离输电线路中费用是低于交流输电的，而且交流输电带来的谐波问题和频率不稳定问题，在直流输电中都不存在。

　　交流电和直流电各有各的优势，在生活中直流电源便于应用和携带。但由于直流电运输技术还不发达，目前远程输电和家用电、企业用电这种大型用电使用的都是交流电。

法拉第

法拉第发明的原始发电机

让电无所不能——
如何运用电这种超级能量

随着科学技术的不断发展和创新，电已经与我们日常生活紧密相连，人们的衣食住行都离不开电。有了电，电视机、电脑、电灯、加热器以及人们每天赖以生活的许许多多其他电器才可以工作。我们是如何让电为我们所用，并成为我们生活的最佳帮手呢？

电力的发明

100多年前，我们还只是使用煤油灯或蜡烛照明。到了19世纪，人们学会了捕获电能，开始用电去做各种事情。

1799年，意大利物理学

电流被送入千家万户

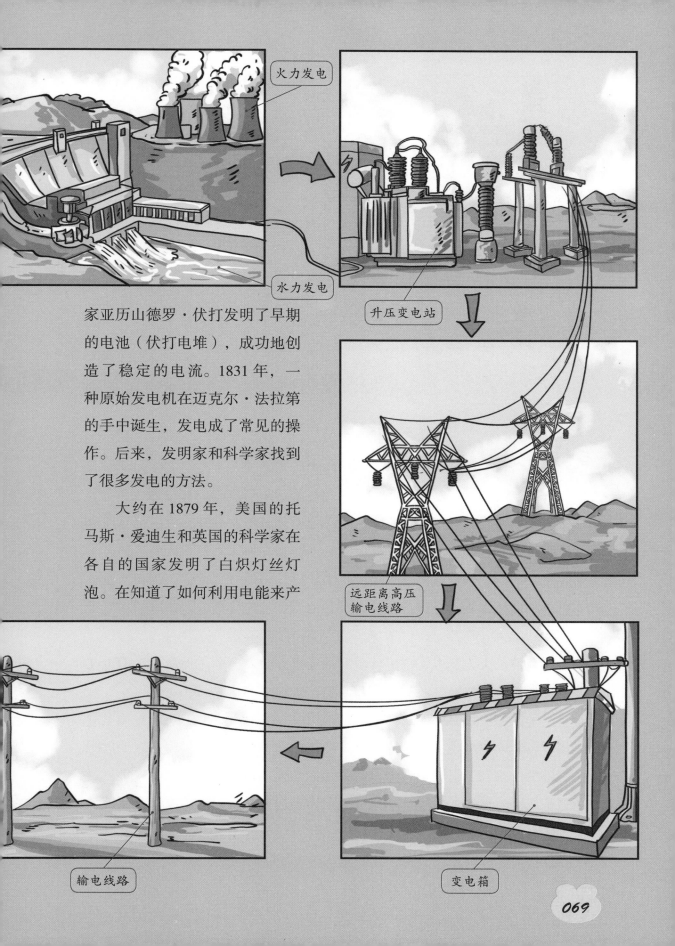

火力发电

水力发电

升压变电站

远距离高压
输电线路

输电线路

变电箱

家亚历山德罗·伏打发明了早期的电池（伏打电堆），成功地创造了稳定的电流。1831 年，一种原始发电机在迈克尔·法拉第的手中诞生，发电成了常见的操作。后来，发明家和科学家找到了很多发电的方法。

大约在 1879 年，美国的托马斯·爱迪生和英国的科学家在各自的国家发明了白炽灯丝灯泡。在知道了如何利用电能来产

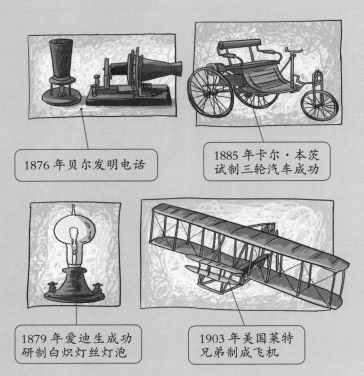

1876 年贝尔发明电话

1885 年卡尔·本茨
试制三轮汽车成功

1879 年爱迪生成功
研制白炽灯丝灯泡

1903 年美国莱特
兄弟制成飞机

生光和热之后，各种电器和电子产品就问世了。

由于电力技术和电力工业的快速发展，电能的使用越来越普遍。无论是照明、通信、交通等日常生活领域，还是工厂企业等生产领域，电能都在做贡献。

电能的产生和输送

人们每天都要用掉很多电。那么电是从哪里来的呢？电能来自发电厂，它是发电厂用发电机把其他形式的能量转换出来的。发电机是由涡轮机驱动的。蒸汽或下落水流的压力让涡轮机的叶片旋转，进而使发电机内部的磁铁绕着金属线旋转，旋转的磁铁推拉导线内部的电子。电子的移动产生电流。

目前，火力发电、水力发电和核能发电是发电的主力军。人们也在开发其他的各种资源来发电，比如海浪、地热、风力、太阳能等。

为了合理利用能源，发电站通常建在靠近这些能源的地方。但用电的地方可能距发电站很远，因此常常要把电能输送到远方。为了减少远距离输电的损耗，需要通过输电设备和变电设备将电输送到你的家里。这些电线穿过你家的墙壁，你只要把电器的插头插入墙上的插座，就接入了电网。

电能通过输电线就可以输送到远方，"方便和节约"是它突出的优点。

我们怎么运用电？

自从掌握了电力，人们就像打开了电能宝库的大门。发电机和电动机的相继问世，使电力开始带动机器。远距离输电技术日臻（zhēn）成熟，爱迪生创建发电工厂，欧美相继成立电气公司。各种各样使用电力的新发明纷纷涌现。电力取代"蒸汽"成为机器的主要动力，人类历史进入了"电气时代"。电力也被广泛地应用于生活领域，电灯、电话、电车、电影、无线电报、汽车、飞机等众多产品的发明，极大地改善了人们的生活。

电气技术的应用，使人们更加富有，也使人们的生活更加丰富多彩，使城市更加繁荣。电灯使城市的夜晚亮如白昼，电车为城市居民提供更加方便的出行服务，电梯使摩天大楼越建越高。电还走进了千家万户，一通电话就可以问候与你相距千万里的朋友；电冰箱、洗衣机、电熨斗、吸尘器为你大大减轻了繁重的家务劳动的负担；电影和电视丰富了你的业余生活。

随着时间的推移，人们对电力的需求不断增长。电力给人们带来了一个非常美好的时代。很难想象，如果没有电，现代人应该怎样去生活。

小贴士：杰出的发明家爱迪生

爱迪生的同事、中央电气公司的副总监麦礼逊曾说："称爱迪生为一个伟人，为一个杰出的发明家，为一个可惊的天才，那是容易不过的事，毫无疑义地，他是世界上一个最有用的人物——他的功勋对于千万人生活方面的影响，比现在任何生着的人都要大。"

爱迪生的主要发明：投票计数器、普用印刷机、改良打字机、留声机、白炽灯、第一所中央发电厂、活动电影机、大型碎石机、世界上第一座电影"摄影棚"、传真电报、有声电影机、鱼雷机械装置、喷火器、水底潜望镜等。

节约用电，
珍惜电的现在与未来

电是现代生活中最常见的，也是必不可少的东西。人们的衣食住行，已经离不开电。如果把你放到一个无人岛上，在没有电的情况下，你能坚持多久呢？

电力来之不易

我们使用的大部分电能来自发电厂。常见的发电厂类型有火力发电厂、水力发电厂、风力发电厂、核电站等。建设一座中等规模的发电厂，需要投入数亿元的资金。

生产电还需要进行较为复杂的能量转换。由于如太阳能、地热能、风能、海洋能和核聚变能等新能源的发电能力还在开发中，所以我国目前大多数发电厂还是依靠燃烧化石燃料来发电的。燃料发电需要经历复杂的过程，就拿最为普遍的火力发电来说，煤矿工人把煤从地下采掘出来，人们用火车、轮船把它运到发电厂，发电厂的工人把煤块磨成煤粉，再把煤粉送到高大的锅炉，把锅炉里的水烧成蒸汽，蒸汽推动汽轮机，汽轮机带动发电机。经历如此繁复的过程，这才发出了强大的电。

电比你想的更珍贵

1度（千瓦时）电，它的价格也许还比不上你吃的一支奶酪棒。但是我们可以做一个换算，看看1度电到底表示什么。生产1度电，我们需要消耗0.4千克标准煤，4升净水；生产过程还会带来0.272千克碳粉尘，0.997千克二氧化碳，0.03千克二氧化硫（liú），0.015千克氮（dàn）氧化物等污染物。所以，1度电是不是比你想象的更珍贵？

哎哟，我快没电了。

电并不是丰富到可供挥霍的资源。人们的生产需要大量用电，生活也需要大量用电。如今，地球上的人口比以往任何时候都要多，人们对电的需求不断增长，电力供应一直很紧张。另外，电力由煤炭、石油、天然气等转化而形成，不仅我国的能源紧张，整个地球的能源也会有用完的时候。因此，只有节约用电，才能相应地减少煤炭等不可再生资源的消耗，减少资源的开发带来的污染，才能对保护环境做出贡献。

让节约用电成为举手之劳

如何让节约用电成为随手之举呢？

拉开窗帘，屋里就亮堂了，就不用开灯了，不是吗？离开屋子时，就随手把灯关了，让电"休息"一会儿。多用节能灯，因为它可以帮我们节电 70% ~ 80%。

选购家用空调时，要选用能效比高的空调，尽量选用变频空调。要注意空调的制冷或制热范围，范围越大节电能力越强。偶尔关掉空调改用电风扇，电风扇所用的电是空调的 1/8 还不到。一定要使用空调的时候，夏天温度最好调在 26℃以上。

家电待机时，就像是一个捕猎的老虎，专门吞吃闲散的电能。我们国家所有的饮水机，一年待机耗电达 137 亿度。如果算上电视机、电脑、洗衣机、微波炉，那数目就更为惊人吧！所以，电器不用时，一定要及时关闭电源开关。

要记得随手关灯啊！

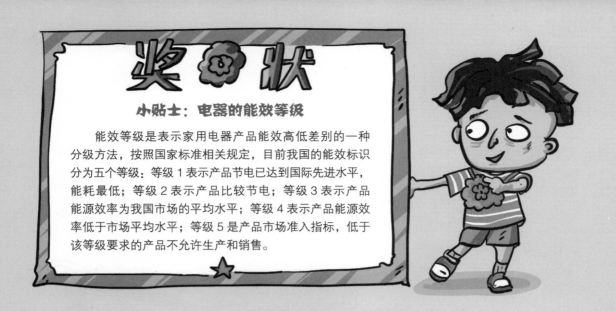

　　1 度电可以用来炼钢 40 千克，或者灌溉农田 1 个小时，还可以让 40 瓦的电灯亮上一天多。节约用电，就是在为未来，为我们的下一代储蓄能源。

展望电的未来

　　世界各地的科学家正在研究用潮汐发电。潮汐发电的原理与普通水力发电类似，在涨潮时将海水储存在水库内，在落潮时放出海水，让处于高位的水流下落推动水轮机旋转，带动发电机发电，将水的势能转换为电能。还有一些科学家考虑在南非的沙漠上建造更大的烟囱用于发电。受炽热的太阳的烘烤产生的热空气会在烟囱里上升，推动发电机发电。

　　无论是潮汐发电还是太阳能烟囱（cōng）发电，都具有资源丰富、储备量大、可再生等优点。只要有一个变成现实，也许以后我们就不再需要消耗任何会造成污染和不可再生的能源来发电了。

惺惺相"吸"——
存在于物质中的吸引力

磁性钓鱼玩具

你一定玩过磁铁吧？有很多小朋友喜欢拿着磁铁到处吸东西玩。还有一些磁力玩具也非常招小朋友喜欢。其实，就算你没有玩过磁铁或磁力玩具，你每天也在跟磁性打交道。因为我们生活的地球就是一个巨大的磁体，我们每天都生活在磁力之中。

什么是磁体？

物体所具有的能够吸引铁、钴（gǔ）、镍（niè）等物质的性质叫磁性，具有磁性的物体就被称为磁铁或磁体。磁铁又有永久磁铁与非永久磁铁之分。永久磁铁会在很长时间内保持稳定的磁力，不会出现退磁现象；非永久磁铁在一定时间之后，表面就没有或者只有很弱的磁力了。永久磁铁可以是天然产物（铁矿石），又称天然磁石，也可以由人工制造，我们常见的条形磁铁、马蹄形磁铁和针形磁铁都是人造磁铁。非永久性磁铁包括电磁铁及铁被磁化后变成的磁铁。

　　磁体不同部位的磁性有强有弱，最强的部分叫磁极。每一块磁体都有两个磁极，且无论磁体被切割或分割多少次，切割出的每个小磁体上，两个磁极总是同时存在的，这两个磁极被称为南极（S）和北极（N）。条形磁铁的两极在两端。圆形和盘形磁铁也有两个磁极，每个侧面或者两端各有一个磁极。

　　两个磁体可以相互吸引或排斥。和电荷相似，同性磁极相互排斥，异性磁极相互吸引。例如，两个南极靠近的时候就会相互排斥，一个南极和一个北极接近就会相互吸引。

小贴士：磁铁并不全是铁

磁铁并不全是铁。有一部分磁铁其实是合金，例如铷（rú）铁硼磁铁、钐（shān）钴磁铁；另有一部分磁铁和铁的氧化物有关，例如四氧化三铁。这两种是永久磁铁。但还有一种磁铁是真正由铁构成的，我们可以通过磁化的方法，将铁变成磁铁；此外还有一种是电磁铁，电磁铁是一个带有铁芯的螺线管，通电后会产生磁场。这两种磁铁属于非永久磁铁。

认清我的本来面目了吗？

为什么物质有磁性？

为什么磁体能够在不接触的情况下，就对铁等物质产生吸引力呢？这还要从原子的结构说起。

我们都知道，在构成物质的原子中有电子，电子在原子中除了不停地自转，还会绕原子核旋转。正是电子的这两种运动产生了磁性。不过，由于在大多数物质中，电子的运动杂乱无章，磁效应会相互抵消，所以它们一般不呈现磁性。

铁及铁氧体等铁磁类物质却有所不同。这些物质内部的电子运动在小范围内比较有序，不过，在不受磁铁作用的情况下，电子的整体排列仍然紊（wěn）乱，此时物质对外不显示磁性。而当磁铁向这些物质靠近时，在磁铁的作用下，原子内部的电子整齐地排列起来，使磁性加强，物质就被磁化了。

　　所以，磁铁的吸铁过程就是磁铁对铁块的磁化过程，磁化了的铁块和磁铁不同极性间产生吸引力，铁块就牢牢地与磁铁"粘"在一起了，也就是我们说的铁有磁性了。

　　不过，磁体的这种超能力并不一直都有。塑料、玻璃、橡胶、银、钛等非磁性材料对磁体都毫无反应。磁体只有接触磁性材料才会牢牢地吸在一起。

磁力通过磁场传递

　　两个磁体接触时会相互施加磁力，这可能产生吸引力或排斥力。磁场是磁体周围有磁力的区域，是在磁性物体或电流周围所发生的力场。

磁场能将一个物体的磁力作用传递给另一个物体。

磁场是看不见的，但我们可以通过观察条形磁铁周围铁屑的分布来判断磁场的分布。把铁屑均匀地撒在一张光滑的厚纸或者玻璃板上，将一块普通磁铁放在这张厚纸或者玻璃板下面，轻轻敲击厚纸或者玻璃板，磁力就能够自由地穿透厚纸或者玻璃板使铁屑磁化。我们能看到，铁屑从一个磁极分布开来，在磁铁两极之间形成一些短弧和长弧。而且，在越靠近磁极的地方，铁屑形成的图形线越密集、越清晰；在离磁极越远的地方，铁屑形成的图形线越稀疏、越模糊。这说明随着与磁极距离的增加，磁力在逐渐减弱。

磁场除了有大小，还有方向。我们把铁屑换成小磁针，小磁针在磁场静止时北极所指的方向就是该点的磁场方向。磁感线从北极出发，在南极汇聚，并在磁体内部重新连接。

磁场是广泛存在的，地球、恒星（如太阳）、星系（如银河系）、某些行星，以及星际空间和星系际空间，都存在着磁场。

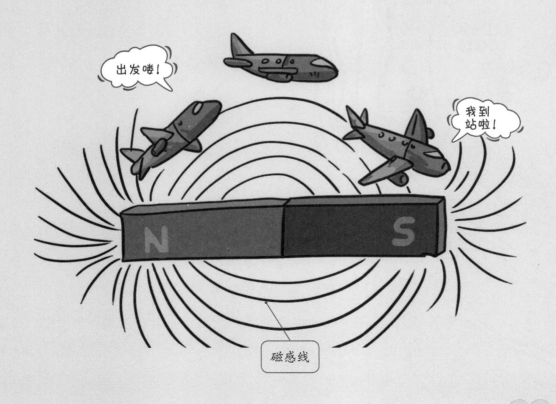

看不见却无时不在发挥作用的 天然磁场

我挡。

当我们手拿一根可以自由转动的小磁针时，我们会发现，当它静止时，它的 N 极总是指向北方，S 极总是指向南方。这是为什么呢？原来，我们生活的地球本身就是一个巨大的磁铁，小磁针是受到了地球这个巨大磁场的作用。身处地球巨大的磁场中，我们的生活会受到什么影响呢？

地磁场是地球生命的保护伞

地磁场是地球生命的天然保护伞，这把保护伞将宇宙射线和来自太阳的高能带电粒子（通常叫太阳风）阻挡在外。如果没有它，地球也许无法孕育生命，即使孕育出来，

地磁场能阻挡宇宙射线和来自太阳的高能带电粒子

这些生命幼芽也会被外来的宇宙射线全部杀死。而未来，如果地球失去地磁场，从太阳发出的强大的带电粒子流就会直射地球，改变地球的大气层，生命将无法继续存在。

在地球南北极附近或高纬度地区，极光绚彩多姿。极光的出现实际就是地磁场与太阳风对抗的结果。太阳发出的这种高能带电粒子流到达地球，与地磁场发生相互作用，就好像带电流的导线在磁场中受力一样，使得这些粒子向南北极运动和聚集，并且和地球高空的稀薄气体相碰撞，结果使气体分子受激发，从而发光。

太阳粒子发射！

地磁场引领生物活动

地磁场对动物的生活也有很大的影响。

很多人都知道，如果把鸽子放飞到数百公里以外，它们会自动归巢。路途中即使碰到狂风暴雨，它也不会迷失方向。为什么它们辨别方向的本领这么大呢？原来，鸽子能够感应地球的磁场，它们可以利用地球磁场的变化来指引自己回家。可如果在鸽子的头部绑上

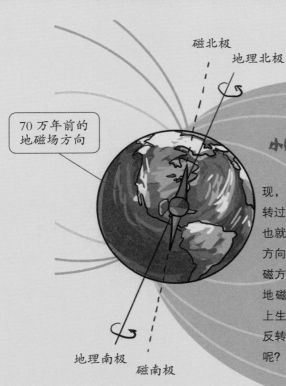

磁北极
地理北极

70万年前的
地磁场方向

地理南极
磁南极

小贴士：可怕的地磁大反转！

地磁场方向并非一直不变。科学家发现，在过去的7600万年中，地磁至少反转过171次。最近一次反转是在78万年前，也就是说78万年前，指南针指北极所指的方向是南而不是北！科学家预测，不久后地磁方向还会反转！对于人类和所有生物来说，地磁反转带来的影响可能是灾难性的，地球上生活的生物将失去"保护伞"。下一次地磁反转会在什么时候来临呢？我们应该怎么应对呢？我们期待尽快地揭开谜底。

一块磁铁，由于识别地磁场的本领受到磁铁的干扰，鸽子就会迷航。同样，鸽子从无线电发射塔边飞过时，强大的电磁波也会干扰它们辨别方向。

有很多的迁徙（xǐ）动物，比如海龟、鲸鱼、候鸟等，它们或者漂洋过海，或者翻山越岭，跨越几千里竟然还能找到目的地，这都得益于这些动物能通过地球磁场等信息来辨别方向。

还有一些昆虫，甚至细菌也会对地磁场有感受能力。有一种细菌，总是一头朝南，一头朝北，从不在东西方向上"躺"着，这说明它也有感知地磁场的本领。有的鱼儿，把它放进陌生的静水池里，它也是朝着南北方向游动。有种白蚁能在南北方向上建巢，因此这种白蚁被称为"罗盘白蚁"。

地磁场影响人体健康

医学家发现，人类的某些疾病与地球的

磁纬度也有一定的关系，而且发病率可能与地磁的变化有关。比如在一些地磁异常的地方，某些疾病，如高血压、风湿性关节炎等的发病比例就要高一些。

关于地磁场是如何影响人体健康的，人们持有不同的意见。有的人说，水在地磁场中会发生一些变化，而人体体重有 60% ~ 70% 是水分，所以，当地磁场发生改变时，人体的功能自然就会受到影响，从而容易生出某些疾病。也有人说，一直生活在磁场环境中的人，其实也有自身的磁场，所以，如果地磁场发生微弱变化，那么人体中的头脑、血液等磁场也会改变，从而使机体功能受影响，让人容易生病。

目前，关于地磁场到底是如何对人体施加影响的，人们还没有找到更科学的解释，还需要进一步的探索研究。或许，这也会成为你未来的探索目标呢。

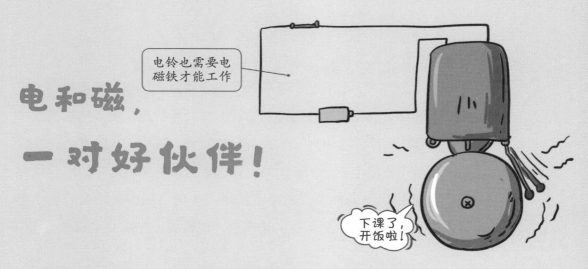

電鈴也需要電磁鐵才能工作

下课了，开饭啦！

电和磁，一对好伙伴！

电是一种能量，人们用它来操作各种电子设备和机器。电和磁虽然看起来很不一样，但它们紧密相关。例如，虽然一般导线并不带有磁性，但当电流通过导线，导线就成了临时的磁体。同样，如果你让一段闭合的金属线在磁体周围做某些规律的运动，金属线中就会产生电流。电流可以创造出磁力强大的临时磁体，磁体也会引起电流通过。电和磁就是一对好伙伴。

电磁铁应用广泛

电磁铁是电流通过金属物体时形成的临时磁铁。电磁铁有许多优点：我们可以通过通、断电流来控制电磁铁磁性的有无；我们还可以用电流的强弱或线圈的匝数来控制磁性的大小；通过改变电流的方向，我们可以控制磁极的极性；等等。

电磁铁所掌握的磁力变幻多端，它们的磁场可以随时打开或关闭！这让电磁铁有了很大的用武之地。

我们可以制造出强大的电磁铁，以举起大型物体，比如用电磁起重机吸起回收站里的汽车，不让它掉下来。但如果你切断电流、关闭磁场的话，汽车就会"哐当"砸下来。

电磁铁十分方便，它在生产、生活、科学研究等各方面，都得到了广泛的应用。比如，利用电磁铁磁性强、控制方便等特点，可以把它做成许多控制部件或执行部件应用到汽车上。再比如，作为通信工具的电话、电报，自动控制用的电磁继电器，工业上的电磁选矿机，科学研究中的电学仪器等，都巧妙地运用了各种形式的电磁铁所产生的"魔力"。我们生活中常用的发电机、电动机、变压器、扬声器、电铃等，也需要电磁铁。

发电机和电动机

发电机是用来产生电力的机器。发电机将水流、气流、燃料燃烧或原子核裂变产生的能量转化为机械能，再将机械能转换为电能。发电机的形式很多，但其工作原理都基于电磁感应定律和电磁力定律。在发电机中，磁铁和一圈圈金属线互相缠绕在一起，金属线圈做切割磁感线的运动，就会产生电流。

和发电机一样，电动机也由磁铁和金属线组成。但与发电机不同的是，电动机使用电能来产生机械能。在电动机中，电流通过一组金属线圈会形成磁场。电动机的工作原理是通电导线在磁场中受力而旋转。

电动机可以为许多电器提供动力，如食品加工机、水泵（bèng）、真空吸尘器和风扇等。炎热的夏天，当你喝着一杯甜甜的西瓜汁时，不

小贴士：汽车中的电动机

电动机在汽车上的使用越来越广泛，各种各样的电动机被用于为汽车提供动力。平均来说，一辆汽车包含了超过 30 台电动机。比如：启动电机、升窗电机、天窗电机，空调送风电机、雨刮电机、玻璃水水泵电机、左右外后视镜电机，水箱散热电机、汽油泵电机、方向助力电机……

知道你有没有想过是谁让你的料理机有这么大的魔力，不仅能做出果汁，还能做米糊、豆粉等很多美食。答案是电动机。在料理机中，电动机的通电导线在磁场中受力，进而带动连接在轴上的刀片一起旋转，这样，食物就能被加工好了。

我电磁铁才是背后高手。

磁悬浮列车

在有些地方，你可以乘坐悬浮在铁轨上的火车！这种火车叫作磁悬浮列车。磁悬浮列车可以高速行驶的原因是使接触面分离，从而减小了列车与铁轨间的摩擦力。磁悬浮列车的动力来自轨道。我们知道，由于同极相斥，想把相同的磁极推到一起是非常困难的。而磁悬浮列车基于磁浮原理工作，它们利用的是磁力的排斥作用。

原来，磁悬浮轨道两侧装有电磁体，它与列车上的磁铁相互作用。列车前进是因为车头的磁铁（N极）被轨道上靠前一点的电磁体（S极）所吸引，同时被轨道上稍后一点的电磁体（N极）所排斥——轨道中前面的电磁体在"拉"，后面的在"推"。当列车前进时，在线圈里流动的电流流向就反转过来了，这种前拉后推的工作持久进行，列车便得以持续向前奔驰。

超快的磁悬浮列车

热是一种 "温暖" 的能量

利用太阳光晒干食材制作食物

冬天在户外，好冷！你向手心哈口气，双手搓一搓让手变暖。这时候你很希望身边有一团篝火。走到阳光下，阳光照在身上的时候，你这才觉得暖洋洋的。这就是热，它是一种我们每天都能感觉到的物理能量，我们也叫它热能。生活中所谓"冷与热"，生产中的加热升温、散热降温等都是热能的表现。

怎么利用热？

热能是人们生命中很重要的一部分。热能会让你的身体时刻保持温暖。人每天的劳务活动、体育运动、上课学习和从事其他一切活动，以及人体维持正常体温、各种生理活动，都要消耗能量。这些能量是由人摄取食物的化学能转变而来的。食物中能产生能量的营养素主要包括蛋白质、脂肪、碳水化合物（糖类），它们经过氧化产生热能。人们还利用热能烹饪食物，用热能来让屋子里变得暖和。

在工厂里，人们用热能来熔化金属，制作金属制品。利用热能可以形成机器的动力。

喵，好香的味道。

晒着太阳，好舒服，想睡觉了。

091

汽车和飞机的动力也大多来自燃料燃烧产生的能量。

热能还被用来驱动大型设备发电。目前我国使用的大部分电能都是经由化石燃料燃烧得到的热能转化来的。你看，热能存在于我们生活的方方面面。

太阳、地球、火和电都是热源

太阳是地球最重要的热源。太阳通过热辐射传递热，主要是人们常说的太阳光线。地球上的生命离不开太阳传递的热量。有了太阳，大地变得温暖，动植物才有了生长和存续的能量。自古以来，人类就懂得以阳光晒干食材，并作为制作食物的方法，如制盐和晒咸鱼等。现在，人们还利用太阳光来发电或者为热水器提供能源。

地球内部也有热量。地球内部的热力透过地下水的流动和熔岩涌至离地面 1 ~ 5 千米的地壳，从而形成火山、温泉和间歇泉，人们直接取用这些热源，并抽取其能量。

此外，摩擦两个物体，也会产生热能，通过摩擦物体自身能量增加，温度升高。比如钻木取火就是通过摩擦使草木升温至燃烧。再比如，只要两手相互摩擦，你就会感觉到手变热了。

火和电也是我们生活中常见的热源。人类在一两百万年之前就开

这是我的作品，世界上第一支温度计。

小贴士：世界上第一支温度计

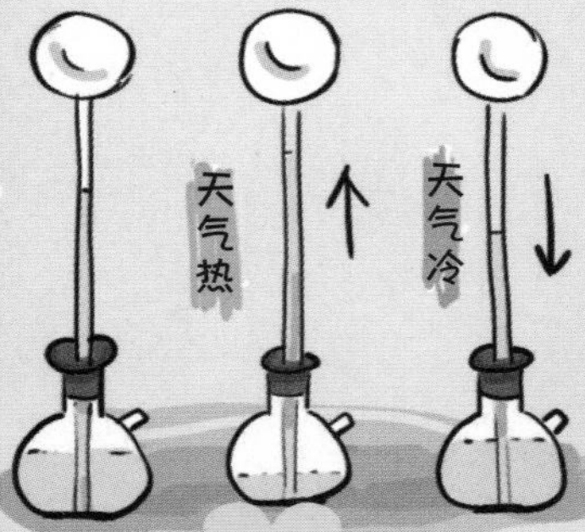

伽利略发明了世界上第一支温度计，这种温度计是利用气体热胀冷缩的性质制成的。这种温度计的结构如图所示，竖起的部分是一根玻璃管，玻璃管末端的球内装有密闭的空气。空气受热膨胀后，玻璃管中的水位上升，反之则降低。

天气热　↑　天气冷　↓

始利用热源，其中取火就是主要的途径。如通过钻木来生火获得热量，还有利用凹透镜获取太阳光热源等。人们打开电暖器、小太阳取暖器来取暖，就是利用电获取热量。

钻木取火，是通过摩擦使草木升温至燃烧

热的计量

温度是人类对于自然冷暖的一种感官体验，长期以来，温度变化一直对人类生产生活产生着种种或有利或不利的影响。于是对温度的测量成为人们必须解决的问题。

温度的变化，能反映物体自身能量多少的变化。自然界中的大部分物体受热时会膨胀，遇冷时会收缩，这是因为物体内的粒子运动会随温度改变，进而改变物体大小。物体受热时，温度上升，热能增加，这时，粒子的振动幅度会相应加大，促使物体膨胀变大；当物体冷却时，温度下降，热能减少，这时，粒子的振动幅度便会随之减少，使物体收缩变小。用沥青铺路，天气炎热时，沥青会膨胀；但是到了凉爽的晚上，沥青就会收缩。

水银温度计和酒精温度计利用液体热胀冷缩的原理来测量温度。这类温度计里充满液体，当测量热的物体温度时，温度计管子里的液体受热就会膨胀并上升；当测量冷的物体温度时，液体就会收缩并下降。人们可以靠温度计来测量气温，这样就知道每天该穿什么衣服了。人们还用体温计来测量体温，了解身体健康情况。

在天热时，我膨胀，我强大！

在晚上，我收缩，好想睡觉。

谁在进行
热的传递?

　　温度的差异会导致热能的传递,我们把这个过程中被传递的能量叫作热量。世界上无时无刻不在发生热能的传递。我们在生活与生产中也会充分地利用热传递。比如生活中煎炒烹炸煮炖焖,每一样都有热量的参与。太阳能热水器、冬天温暖我们居室的水暖、抱在怀里的暖宝宝……通过各种形式传递给我们热能。面包的发酵、小鸡的孵(fū)化、纸的烘干……都利用了热传递。就算是在冰雪天,也仍然存在着热传递。热是如何传递的呢?一起来看看热传递中的奥秘吧。

热量的流动，从高温传向低温

所有物质都是由微小的运动粒子组成的，使它们运动的能量就是热能。当我们通过明火加热物质时，热量通过火焰传递给物质，物质自身的能量就会增加，温度升高。物质的温度越高，粒子运动得越快。同样一个物体，温度高时比温度低时拥有更多的热能。

热量除了从一个粒子流向另一个粒子，还可以在物体之间传递。热量经常喜欢从较热的地方跑到较冷的地方。生活中你能经常感觉到这种热能的流动。比如，吃冰激凌的时候，热量从舌头传递到了冰激凌，因此，舌头会变凉，冰激凌会融化、变热。热量总是自发地从高温物体向低温物体传递。

热传递是自然界普遍存在的一种现象。只要物体之间或同一物体的不同部分之间存在温度差，就会有热传递现象发生，并且将一直持续到两种物体的温度相同的时候为止。

热传递的三种方式

热量总是在运动，但不总是以相同的方式运动。热传递主要有三种方式：热传导、热对流和热辐射。

热传导是固体中热传递的主要方式。烧水时，不仅是锅里的水会被烧热，你拿锅把手的时候，也要小心！因为整个锅都会变热，甚至变烫。这是由于热从锅底逐渐往上传递，锅底的热粒子加速振动后，又撞击旁边的粒子，旁边的粒子再碰撞其他粒子，热量传递到锅身，最终传递到了把手。这样就实现了热量的传递。

在液体和气体中，热量也是利用粒子来传递的，但与固体不同的是，

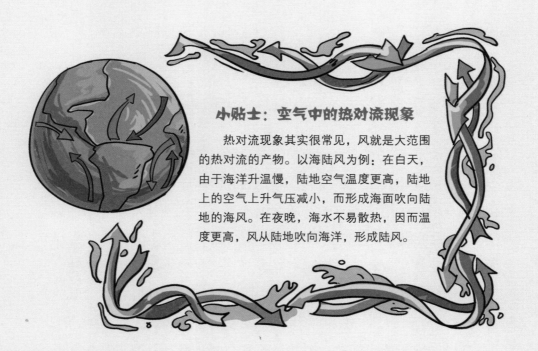

小贴士：空气中的热对流现象

热对流现象其实很常见，风就是大范围的热对流的产物。以海陆风为例：在白天，由于海洋升温慢，陆地空气温度更高，陆地上的空气上升气压减小，而形成海面吹向陆地的海风。在夜晚，海水不易散热，因而温度更高，风从陆地吹向海洋，形成陆风。

液体和气体的粒子可以更自由地移动，它们携带热量动来动去。还是以用锅烧水为例：锅底的水先受热，体积膨胀而上升，上面的凉水下沉到锅底，又受热膨胀上升。这样，锅里的水反复上升、下沉，不断循环流动，从而使水的温度逐渐升高，最后沸腾。由此可见流动的水容易传热。通过水或空气的流动来传递热的现象，叫作对流。冬天用的水暖气，靠水的流动把热量从锅炉传到屋子里，又靠空气的流动把热量从暖气片传到整个房间，这都是热对流。热对流就像传送带一样，把热量从一个地方输送到另一个地方。

有时热量可以在真空中传播。这种不通过任何介质来传递热量的运动，被称为热辐射。所有粒子都会通过辐射放出一定的热量，尽管这些热量很微弱，难以察觉。太阳的热量会通过真空，借由热辐射这种方式传递到地球上，只不过辐射出来的这种光线我们用肉眼看不见，它叫作红外线。在有介质的地方，热量也可以通过辐

锅烧水涉及热的三种传递方式

射传递。烧水时，即使空气不怎么流动，你也能明显感觉到锅下面火源的温暖。这是因为火的热量可以通过辐射传递到皮肤上。

热的良导体和不良导体

有些材料能很好地传递热量，它们被叫作热的良导体。各种金属都是热的良导体，其中最善于传热的是银，其次是铜和铝。阻碍热量运动的材料叫作热的不良导体。瓷、纸、木头、玻璃、皮革都是热的不良导体。液体中，除了水银以外，都不善于传热，气体比液体更不善于传热。

室温下，裸露的冰块更容易融化，因为周围的空气对冰块发生了热传递。比冰块温度高的空气不断与冰块接触，将热量传递给冰块。但如果用棉花包裹住冰块呢？你会发现，冰的融化速度要慢得多。因为，棉花是一种热的不良导体。棉花里有很多空气，静止的空气不会产生对流作用，因此较难传递热量。当我们处在寒冷的环境中，穿棉服会感觉更温暖，这也是因为棉服可以使体热不容易因对流或辐射散失。松软的物质不善于传热，所以除了用棉花，我们也常用羊毛、羽毛、毛皮等松软物质来做防寒衣物。

097

改变温度和状态的热

物质碰上热能经常会出现三种情况：固体化成液体，就像我们吃的冰激凌和巧克力一样；液体蒸发变成气体，比如水沸腾变成水蒸气；固体直接变成气体，比如冰冻的衣服干了。但可能还

有第四种情况——物质烧起来形成火焰。为什么会发生这些情况呢？我们能利用这些现象做什么呢？一起来看一看吧。

打到高空的干冰升华吸热，促进云层迅速凝结、碰撞并增大成雨滴，降落到地面

不要毛毛雨啊。

快点降大雨吧！

如果物体的温度上升……

熔化、汽化与升华是三种物态变化形式，它们是物体被加热（吸热）之后发生的物理变化。变化前后的东西好像看起来不一样，但其实材料相同。

给冰加热，冰开始融化，变成液体水。如果把金属加热到一定的温

在阳光照射下，海洋中的水会不断汽化成水蒸气

不要离开，我的游泳圈。

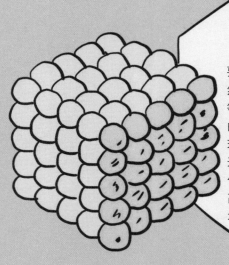

度，它也会熔化。固体由固态变为液态的现象叫"熔化"。所有的物质都是由分子或原子构成的。在固体中，分子间的相互作用力强大，固体分子只能聚在一起小范围振动；固体被加热后，物质获得的能量大部分被转化为分子的动能，当温度升高到一定程度，一部分分子的能量大到可以摆脱束缚，它们就在其他分子间活动起来了，固体就开始熔化。在生活中，我们会利用冰块融化吸热来给食物保鲜；我们也会将金属熔化，方便制成金属容器；修柏油马路时，我们会用大熔灶熔沥青。

"汽化"是指物质由液态变为气态的现象。液体分子要离开液体表面成为气体分子，就要克服其他液体分子的吸引而做功，同时体积膨胀要克服外界气压做功，因此，汽化要吸热。汽化有蒸发和沸腾两种形式。你的身体会通过汗液蒸发降温。感觉热的时候，身体会出汗，汗液蒸发就会带走热量。炉火上的水沸腾，也需要炉火一直提供热量。

衣柜中防虫用的樟脑片，会慢慢变小，最后不见了。它没有变成液体，那它去了哪里？原来，樟脑片"升华"了。固态的物体由于温度快速上升，从而有了很多内能，内能增大使分子运动越来越剧烈，从而导致分子从原来排列整齐的"矩阵"中迅速飞出，直接变为气态，这就是"升华"。文艺演出时，人们通过往舞台上喷洒干冰来制造"白雾"，给人以若隐若现的感觉，这种"白雾"是干冰升华吸热，使空气中的水蒸气液化成小水珠而形成的。人工降雨也是干冰在高空中施展"升华"大法的结果。

饿死了，怎么还烤不熟。

如果物体的温度继续上升……

温度持续升高，还会引起很多物质燃烧。燃烧是一种化学变化，原物质变成了新物质。将纸反复揉搓，甚至撕碎了，这是发生了物理变化；而点着火，用火把纸给烧了，这是发生了化学变化。燃烧后，纸变成了另一种东西——灰烬。有新物质的产生，说明这是发生了化学变化。

物体在获得大量氧气，同时被传入大量热能时，就会着火——燃烧。燃烧主要是一种化学反应。火之所以会燃烧，是因为它能够从烧着的物体里吸取化学能量，并且释放出热能和光能。人们使用燃烧的最终目的不是进行化学反应，而通常是获得它产生的热量。

> 人们使用燃烧的最终目的通常是获得它产生的热量

人类生存和社会发展都离不开热量。从火中获得能量并不是我们现代人的发明，我们古人很早就懂得生火来做饭了。除此之外，现代人还大量使用热机。热机是将热变为功的装置，包括蒸汽机、汽油机、柴油机、燃气轮机、喷气发动机、火箭发动机等。热机将燃料燃烧后获得的蒸气或高压气体作为工作物质，通过气体膨胀而对外做功。我们通过热机使热量做功，服务于我们生活的方方面面。

> 用放大镜取火可真不容易。

> 撕碎的纸张发生的是物理变化

月亮，你好啊！

当你坐在赤道附近，你正以约 465 米／秒的速度飞驰着。以这样的速度运动，每天可行 4 万千米

看得见的运动
和看不见的力

力是什么呢？力是物体对物体的作用，它能改变人和物体的运动或形状。当你想做某件事情而开始做某些动作的时候，一系列的力就会出现。世界万物生生不息的运动背后，是力的作用。没有力的作用，你会发现自己什么也做不成。力和运动一样，都是我们如影随形的好朋友。

运动无处不在

运动无处不在。放眼四周，路上奔走的人群、飞驰的汽车，天上飞翔的小鸟、飞机，水中穿梭的鱼群与轮船……这些物体都在运动。即使是远处的青山、桥梁，近处的房屋、树木……这些看起来静止的物体，它们实际上都在随着地球一起转动。如果你坐在赤道上随地球转圈，一昼夜要移动 4 万千米，每秒移动约 465 米。

科学家把运动定义为物体位置的移动。在疾驰的列车中，茶杯中的茶水平静无波。茶水相对于列车来说是静止不动的，但是相对于同一节车厢内走动的人还有铁轨来说，是在运动的。而我们平时说的某物在静止状态，都是相对于地面来说的。事实上，宇宙大爆炸之后，宇宙迅速地膨胀，只要宇宙仍然在膨胀，就不可能有静止的物体。

我们的速度是 2 米／秒哦！

运动的两个基本要素是速度和方向。速度是单位时间内行进的距离。物理学家用米／秒来表示速度，也就是每秒钟物体移动了多少米。方向指的是物体朝哪里运动。

物理学上，用"加速度"这个量来表示物体速度变化的快慢程度和方向。速度变化快的物体加速度大，速度变化慢的物体加速度小。汽车突然启动时，速度变化很快，汽车的加速度就大；如果汽车匀速行驶，那么它的加速度就是零。

力的认识与体验

没有力，物体不会自己动起来。力和运动是一对组合，各种各样的力是改变运动状态的原因。回想一下你骑自行车的情形吧。你总是要狠狠蹬一下脚踏板，拼命抓好车把手，自行车才能启动。不过，等平稳往

匀速慢跑的人速度是1.5米／秒，加速度为0

玩轮滑的人速度为3.5米／秒

公园里散步的人速度是1米／秒

我的速度是2.5米／秒，快追上你们了。

你的加速度是1.5米／秒²，要追上我还早呢。

蜗牛也来比赛跑步吗？

前骑行的时候，你就轻松多了，因为惯性会起作用。惯性是物体保持原来运动状态的性质。骑行的时候，你和自行车车架的重力对轮胎形成压力；轮胎形成向上的反作用力——弹力。

当你想骑车上坡的时候，情况又不一样了。上坡需要花费更多的力气，你不得不卖力地蹬脚踏板，让你的自行车带动更强的牵引力以往上爬，牵引力表现为动轮与地面的摩擦力。摩擦力是两种材料相互摩擦产生的、阻碍运动的力。与此同时，地球对你和车产生一个拉回地球的力——重力，它阻碍自行车的爬升。

下坡会让你觉得轻松很多，重力会辅助车辆行驶——把你拉下坡，而且速度会越来越快。改变速度的大小或方向，叫加速度。你加速下冲，以及你之后刹车减速，都会有"加速度"。你躬（gōng）下身子，因为你感受到了迎面吹来的风想让你停下来，这种力叫作阻力。

骑下了山坡，你要拐弯骑向目的地了，要小心些！拐弯的时候，你也要向同方向弯曲身子，

呼，太惊险了！差点上演冰上杂技！

冰面上摩擦力太小，所以车会打滑

后面的，拐弯的时候要注意减速哦。

呀吼！下坡太轻松了！

不然，你可能会被离心力甩出去。

到达目的地之前，你还要骑一段冰面，由于冰面太滑，和橡皮轮胎形成的摩擦力太小，你难以控制车辆，你的车子会打滑。你想减速或停车的时候，一定要轻按车闸。刹车太猛的话，车行驶的惯性会把你向前推。

小贴士：

做功和力、能量的关系

物理学中的做功，指的是力使物体移动了一段距离。人用的力越大，移动的距离越长，人做的功就越多。而能量是做功的能力。物体能量越大，做功的本领也越大。

通过骑车，你已经体验到不少种类的力了。根据施力物与受力物体是否接触，可以将物体之间的力分为接触力和非接触力。平时的生活中，你可以观察到多种不同的作用力。接触力有摩擦力、空气阻力、压力、弹力、张力、扭转力等；非接触力有重力、静电力和磁力等。

下坡时，重力会辅助前进

呼哧，呼哧，上坡可真费劲啊。

上坡时，重力会阻碍前进

Bye! 让我们宇宙再见!

喂喂,别走啊,我需要你!

我也会像这样飞走吗?

在太空中,工具被不小心碰撞后,会因为惯性持续飘向远方

去。公交司机紧急刹车,车上乘客却无法控制身体,要往前倒。很多人应该都有过类似的经历。可是,为什么有时我们用尽全力想停下来,却怎么也停不下来呢?原来,这跟运动时的惯性有关。什么是惯性呢?我们能利用惯性做什么呢?一起来看一看吧。

什么是惯性?

如果一个物体是静止不动的,那它就是静止状态。静止的物体不会自己运动,它需要一个力来推动。物体保持静止状态的这种性质是一种惯性。惯性也是运动中的物体继续保持原来运动状态的原因。比如,你在滑冰时想突然停下来,可是你的整个身体却因为惯性要继续往前滑行。物体的惯性,在任何时候、任何情况下,都不会改变,更不会消失。

太空中的宇宙飞船为什么可以在不喷射火焰的情况下,却仍然往前行进呢?这也是惯性在起作用。虽然没有火箭的推力,但太空中没有空气,宇宙飞船就没有了与空气摩擦产生的摩擦力,既没推力也没有阻力,所以,宇宙飞船能靠着惯性保持着火焰熄灭前的速度恒速前进了。航天员有时会前往国际空间站工作或例行维护。他们会让工具悬浮在身旁,因为没有力(如重力)的作用改变它们的运动状态,所以工具一般会保持在原位,不会掉落或移动。而如果航天员一时没抓稳,反倒将工具推开了,那它将持续运动,飘向未知的宇宙空间,除非再受到外力阻止。

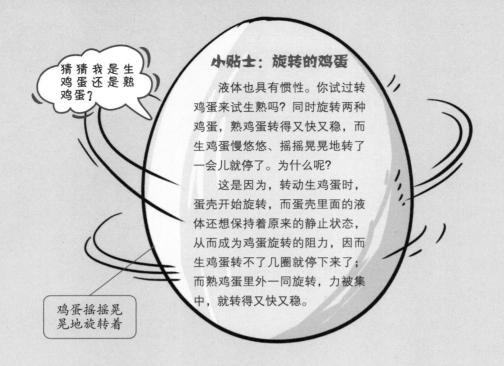

小贴士：旋转的鸡蛋

猜猜我是生鸡蛋还是熟鸡蛋？

鸡蛋摇摇晃晃地旋转着

液体也具有惯性。你试过转鸡蛋来试生熟吗？同时旋转两种鸡蛋，熟鸡蛋转得又快又稳，而生鸡蛋慢悠悠、摇摇晃晃地转了一会儿就停了。为什么呢？

这是因为，转动生鸡蛋时，蛋壳开始旋转，而蛋壳里面的液体还想保持着原来的静止状态，从而成为鸡蛋旋转的阻力，因而生鸡蛋转不了几圈就停下来了；而熟鸡蛋里外一同旋转，力被集中，就转得又快又稳。

质量和惯性的关系

惯性是维持物体原有运动状态的一种属性。当作用在物体上的外力为零时，惯性表现为"维持其原来的静止或者匀速运动状态"。当作用在物体上的外力不为零时，惯性表现为"改变物体运动状态的难易程度"。

所有的物体都有惯性，但不同物体的惯性大小是不同的。物体的惯性只与物体的质量有关：物体的质量越大，惯性越大；物体的质量越小，惯性越小。例如，两个静止的石头，重的比轻的更难移动，因为较重的石头惯性较大。而两个运动中的石头，重的比轻的更难停下来，也是因为重的惯性大，改变运动状态更难。

物体的惯性跟质量有关，与速度无关。同一物体，静止时与运动时惯性一样大，运动快时和运动慢时惯性也一样大。

如何利用惯性？

了解了惯性的特性后，人们还会有意地利用惯性。比如，在拍打被

子上的灰尘和螨（mǎn）虫的时候。被子受到拍打的力量前后晃动起来，惯性却让灰尘和螨虫停留在原地，于是灰尘和螨虫与被子脱离落到了地上。斧子的斧柄松了，怎么办？将斧头朝上，斧柄的下端垂直撞击树墩（dūn），斧柄落在树墩上被迫停止运动，斧头由于惯性作用，保持着向下运动的状态，但这种运动状态受到了斧柄阻力的影响，斧头逐渐减速，最后停止在斧柄上，这样斧头就套紧在斧柄上了。

人们利用惯性发明了电动机，进而发明了风扇、洗衣机等，用惯性造福人类。人们也利用惯性使子弹、炮弹等的发射成为可能，为打击敌人提供了强有力的武器。

生活中，我们也要避免惯性带来的危害。驾驶机动车一定要保持安全车距，否则一旦发生紧急情况而突然刹车时，车会因为惯性继续向前运动，从而与前面的车辆相撞，发生追尾事故。同样，在驾车与乘车的时候，驾驶员和前排乘客必须系上安全带，公交车乘客要扶好或坐稳。

发，但很快就有车蹿（cuān）出很远，把其他的车甩在后面。这时你的爸爸可能会说，这说明这辆汽车的加速度大。那么，什么是加速度呢？

有速度变化就有加速度

物体间的相互作用是产生加速度的原因。当物体受到外力作用时，速度就会改变。加速度表示由力引起的运动速度变化的快慢。如果你的速度一直保持不变，即使速度很快，你也没有加速度。但只要你加速或减速，你就有了加速度。自行车被推动，骑行的速度增加；有人从后面拉住自行车，骑行的速度变小。无论是推还是拉自行车，自行车的运动状态都发生了变化，这两种情况都有加速度。你改变运动方向的时候，也有加速度。这个时候，加速度跟速度不在同一直线上并且速度不为零。

加速度还能够标准化。在红灯变绿之前，车没有启动的时候，它的加速度都是 0，5 秒后跑得最快的车速度已达到 28 米 / 秒，那么这个物体的加速度就是 5.6 米 / 秒 ^{2}。你的爸爸神采飞扬地说加速度时，可能会用到一个名词 "百公里加速"，它指的是汽车点火后从静止状态加速到 100 公里 / 小时所用的时间，民用车达到这个时速只要 7 ~ 10 秒。图中的这辆冠军汽车，它达到时速 100 公里只需要 5 秒钟。是不是非常快？

在变速运动中，物体速度小时加速度不一定小；速度大时加速度不一定大。比如，汽车刚刚驶出时，虽然速度不大，但速度变化较大，则加速度很大；当汽车在公路上保持高速状态匀速前进时，行车速度很大，但是速度却无变化，加速度为零。

加速度为 5.6 米 / 秒 ^{2}

小贴士：重力加速度

　　地球表面附近的物体，在仅受重力作用而自由降落时产生的加速度，叫作重力加速度。为了便于计算，其近似标准值通常取为 9.8 米/秒^2，用 g 表示。地球上各个地区重力加速度的大小，与该地区的海拔和纬度有关。重力加速度的数值随海拔高度增大而减小。距离地面同一高度的重力加速度，也会随着纬度的升高而变大。一般来说，在赤道附近重力加速度值最小，越靠近南北两极，重力加速度的值越大。

在比萨斜塔同一高度落下的铁球，重力加速度相同

错！咱俩一样快。

哈哈，我更快！

用力越大，改变速度越容易

　　如果你对购物车施加很小的推力，购物车就会在地上滑行；如果推力更大，购物车滑行得就更快。这表明施加的力越大，物体的加速度就越大。对于乒乓球队员来说，在乒乓球比赛中，击球力量大，球速就快，在战术上就容易取得主动，获得更多的进攻机会。相反，给对手打过去一个软绵绵的球，速度太慢，就很容易被对方控制。

　　若力是变化的，则产生的加速度也是变化的，两者间存在瞬时对应关系。当你想骑车超过你的朋友时，你就要猛蹬脚踏板；你稍懈怠，速度就会慢下来。

蟑螂的身体非常轻，逃跑时的速度相当快

先往这里躲躲！

孩子们快跑！

哎哟，别打我的头。

越重的物体，改变速度越费力

物体的加速是某些力作用于该物体产生的效应，它与物体的质量成反比。也就是说，被加速物体的质量越大，给物体加速所需要的力就越大。你想让装有小老鼠的购物车滑行起来，只要稍稍用点力；而如果你想让装有大象的购物车以同样的速度滑行，就得施加更大的推力。

反过来说，对不同物体而言，受到相同的力，质量越小，其运动状态越容易改变，即加速度越大。这也能用来解释，为什么蟑螂总是能跑得那么快。虽然每次看到蟑螂时，你已经用最快的速度对它进行攻击了，"啪""砰""咚"，你连拍带砸，你的鞋毫不留情地拍在蟑螂逃窜的地方……但可惜的是，每次它都跑得飞快，你一不留神它就逃得无影无踪。蟑螂之所以能跑得这么快，原因在于它非常轻，用同样的力量，它就能拥有更大的加速度。在大自然中，不仅仅是蟑螂，大部分小型昆虫都跑得很快，也是因为它们的重量非常轻。

可恶的蟑螂，吃我一拖鞋！

蟑螂的最爱——腐坏汉堡

113

作用力和反作用力——
不会被打翻的
力的友谊小船!

游泳时,到底是人划水还是水推人呢?

小朋友们可千万不要学哦

我来了!

游泳时,为什么手臂用力向后划水,人却会向前游去呢?这是因为,你向后"推"水,水就会向前推你。这说明一个道理:甲物体对乙物体有作用力时,乙物体必然也同时对甲物体施以

哎呀,我的泳帽。

把水往后推的力(作用力)

空气对气垫船的反作用力将船托离水面

谁在水面上飞行? 嘿嘿, 我!

作用力, 物理学上把这两个力中的一个叫作作用力, 另一个叫作反作用力。每个力都有自己的好朋友, 它们模样相似, 经常相约出现。比如作用力和反作用力。而有时, 两个力会共同维护一个平衡的局面, 它们被叫作平衡力。一起认识认识力和它们的友谊吧。

力总是成对出现

力发生在两个物体之间, 并且成对出现, 分别作用在两个物体上。"孤掌难鸣"说的就是这个意思。在这两个力当中, 有作用力(主动)出现, 就一定有反作用力(被动)存在, 这就是说有施力物体(主动)出现, 就必然有受力物体(被动)存在, 它们是相互的。

气垫船在行驶时, 船体可以离开水面, 速度高达每小时100多千米。是什么力量把数百吨重的船托起, 使它浮在水面呢? 原来, 气垫船装有几台很大的鼓风机, 鼓风机产生的压缩空气以很大的速度向下喷出, 船对空气有向下的推力, 空气使船体得到一个向上的反作用力。当这个反作用力足够大时, 船体就被托离水面。

而关于谁是作用力, 谁是反作用力, 或谁是施力物体, 谁是受力物体, 是由观察者主观设定的。游泳的时候, 人划水, 与水推人, 两种

把人往前推的力(反作用力)

力都存在。我们既可以说，人划动水向水施力，人是施力物体，水是受力物体；也可以说，水将人往前推，水是施力物体，人是受力物体。气垫船被抬离水面时，船大力喷出空气，空气又反推将船抬起，所以船可以被说成是施力物体，也可以被说成是受力物体。

值得好好利用的相互作用力

　　力不仅会成对出现，而且作用力和反作用力总是大小相等、方向相反、作用在同一条直线上。如果一个物体把力作用到另一个物体上，那么，另一个物体也会把这股力全部还给它。生气拍桌子的时候，有没有感觉手掌也被震麻了？不过，很多时候，相互作用力是非常有用的。

　　登山的时候，手握双杖爬坡时，地面可以提供向上的反作用力，从而减轻腿部肌肉的负担。如果没有登山杖，适当的时候也可以借用双手

小贴士：大人和小孩比力气

　　大人跟小孩在水平地面上手拉手比力气，谁会赢呢？有人说，大人的力气比小孩大得多，当然是大人赢。但大人能赢并不是因为大人的力气大。大人作用于小孩的力与小孩作用于大人的力是作用力和反作用力，这两个力大小相等。那为什么大人能赢呢？原来大人的体重比小孩大得多，地面给予大人的摩擦要大于小孩所受的摩擦力，因而小孩拉不动大人，反倒因为反作用力被大人拉过去了。

支撑地面，能够起到同样的效果。

　　自然界中，也有很多动物善于利用作用力和反作用力。水母没有鱼鳍（qí），它的前进靠的是头部那柄"透明伞"，伞收缩时，将海水向后迅速挤压出去，从而获得一个反冲力，水母就是借助这个反冲力自由行动的。生活中的喷气式飞机、火箭也都是利用了这个原理前进。

平衡力可不是相互作用力

　　除了相互作用力，我们还经常把两个力放在一起提，那就是发生二力平衡的时候。如果一个物体在两个力的作用下处于平衡状态，那么这两个力是相互平衡的，简称二力平衡。这时候，作用在同一物体上的这两个力，大小相等、方向相反，并且在同一条直线上。当气垫船被气垫平稳地托在水面之上的时候，船对空气的喷力，与空气对船的反推力，是一对相互作用力。而地球对船向下的引力，与船所受的来自下方空气的反推力，则是一对平衡力。平衡力中的这两个力让船保持抬升后的静止状态。

　　你发现了没有，相互作用力与平衡力谈到的两对力，每对都是大小相等、方向相反并且作用在一条直线上。不同的是，平衡力的受力物体指的是同一个物体。上面的例子中，船受到的地球引力和空气的反推力就是一对平衡力。跳伞运动员在空中先加速下降，说明他受到的向下的重力比空气给他的阻力大，这一对力还不是平衡力；之后他匀速下降，说明重力与空气阻力相等了，这才是一对平衡力。你学会分辨它们了吗？

呜哇，人类居然可以飞这么高！

第二步，匀速下降！

匀速下降时，跳伞员所受的重力和空气阻力相等

简单机械——
如何做才更省力？

你也许足够强壮，但总有你力所不及的事。人类也是因为自身力量的有限，所以发明了机械用来帮助人们工作。比如，飞机、轮船、汽车、各种工程车等。在我们的生活中，

还有很多的简单机械，比如杠杆、滑轮、轮轴、斜面、螺旋、楔（xiē）子等。简单机械其实并不简单哦！古埃及人使用铜凿子和锯切割巨大的石灰岩，又用斜坡把巨石抬起、一层层垒砌，才建造了宏伟的金字塔。一起来认识认识这些简单机械吧。

杠杆类简单机械

杠杆、滑轮、轮轴三种简单机械被称为"杠杆类简单机械"。滑轮、轮轴是杠杆的变形。

所有杠杆都是一根绕固定支点转动的杆。杠杆可以让我们用很小的力抬起很重的物体。阿基米德说给他一个支点，他可以抬起地球。但不是所有的杠杆都能省力，有的杠杆不省力反而费力，还有的杠杆不省力也不费力。杠杆有动力点、阻力点和支点这三个要素，三个点的位置不同，我们耗费的力气也不同。

记得小时候常常玩儿的跷跷板吗？跷跷板的特点是，它的动力点和阻力点在支点的两侧，我们把这种杠杆叫作等臂杠杆。跷跷板的支点是中心的木桩，你坐在杆臂的一端（动力点），你可以抬起另一端的你的朋友（阻力点）。我们生活中所用的天平、晒衣架，都是等臂杠杆。

第二类杠杆是阻力点在支点和动力点的中间。由于阻力点到支点的距离，比动力点到支点的距离短，它是省力杠杆。开瓶器、指甲剪都属于省力杠杆。

第三类杠杆和第二类杠杆相反，是动力点在支

用凿子和锯来采石，那得采到什么时候啊？

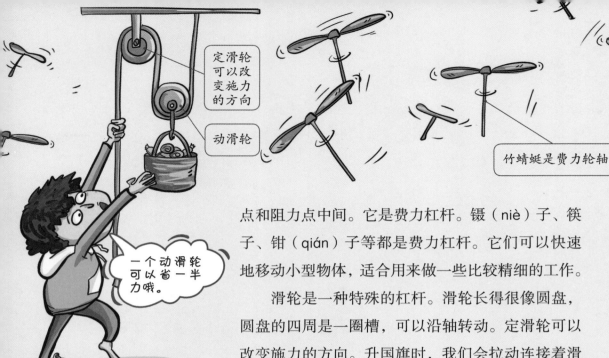

定滑轮可以改变施力的方向

动滑轮

竹蜻蜓是费力轮轴

一个动滑轮可以省一半力哦。

点和阻力点中间。它是费力杠杆。镊（niè）子、筷子、钳（qián）子等都是费力杠杆。它们可以快速地移动小型物体，适合用来做一些比较精细的工作。

滑轮是一种特殊的杠杆。滑轮长得很像圆盘，圆盘的四周是一圈槽，可以沿轴转动。定滑轮可以改变施力的方向。升国旗时，我们会拉动连接着滑轮的绳索，让国旗升上去。动滑轮用来省力，动滑轮会跟着物体一起移动。每使用一个动滑轮，就可以省一半的力。起重机、牵引车都使用了动滑轮。

轮轴也是一种杠杆。轮轴的外环叫轮，内环叫轴，它们是同心圆。在轮上用力比较省力，而且轮越大越省力。想想司机驾驶汽车时，如果取下方向盘，直接去拧轴，恐怕即使是大力士也难以做到吧。门把手、石磨、扳手的发明也是源于这种原理。而直接在轴上用力就比较费力。比如，吊扇、竹蜻蜓、自行车后轮等轮轴，作用在轴就费力。

儿子，你比爸爸还重了？

看，我能把爸爸撬起来！

依靠省力跷跷板，孩子也能轻松撬起成人

斜面类型的简单机械

斜面、螺旋、楔子被称为"斜面类简单机械"。它们都属于省力、不省距离的机械。

小贴士：人体中的杠杆

骨骼、肌肉和关节构成了人体的运动系统。人体的骨骼和肌肉可以组成各种不同的杠杆以便人体的运动。骨骼可以起到杠杆臂的作用，骨头之间的关节通常是杠杆围绕其转动的支点，而肌肉则可提供使杠杆转动的作用力。人前臂的动作最容易看清是杠杆运动，其支点在肘（zhǒu）关节。当肱（gōng）二头肌收缩、肱三头肌松弛时，前臂向上转，引起曲肘动作。前臂是个费力但省距离的杠杆，肱二头肌只要缩短一点就可以使手移动相当大的距离。

肌肉——动力点

肘关节——支点

前臂——阻力点

斜面是一种平坦的、倾斜的表面。斜面可以让我们用较小的力把重物移到高处。登山的路大多是"Z"字形的，而不是垂直的。因为垂直向上的路线又耗力又危险，而"Z"字形的路有很多的斜面，会更加省力，更加安全。

如果我们把斜面卷起来，就会变成螺旋。应用螺旋来操作的工具可以把两个物体嵌合在一起。比如，螺纹灯泡的接口，可以让灯泡与插座连接。螺旋也可以把重物架高起来。比如，螺旋千斤顶可以把汽车给架高。我们经常用的螺丝钉也利用了螺旋原理。

我们再把斜面做个变形，把两个斜面背靠背放一起，就构成了楔子。楔子是推拉物体、分裂物体的尖头刀片。任何锋利的物体都是一种楔子，比如斧头、小刀、箭头等。在古代建筑中，人们常用楔子加固各种建筑物和器具。

蕴含着斜面原理的盘山路

121

恰巧落下来，它落在牛顿的头上。不知道是苹果的幸运，还是牛顿的幸运，这颗苹果竟然"砸"出了一个大发现——万有引力。引力拉着苹果下落，正像地球拉着月球，使月球围绕地球运动一样。引力还有哪些秘密呢？一起走近看一看吧。

万物都有引力，为什么难以发现？

在地球上，不仅是苹果往下落，高处的东西都会自发地往下落。这就是牛顿所发现的地球引力的作用。你能稳稳地站在地面上，也还是引力的功劳。如果没有引力，我们就会"遨游"天外啦。

其实，物体和物体之间都在互相吸引，它们之间的这种力被称为万有引力。宇宙中的一切都在引力的掌控之中。为什么引力没有在我们身边随时表现出来呢？我们用的物品、我们吃的食物、我们触碰到或看到的东西都有引力，为什么我们却看不见呢？

这是因为，物体如果不大，它们之间的引力是非常小的。举个直观的例子，如果两个人大约相距 2 米，他们之间相互吸引的引力就非常小，小到什么程度呢？假如这两个人体重中等，那么他们之间的引力差不多等于 1/100000 克的砝码产生的重力。这么小的重量，再灵敏的天平也称不出来。

万物都有引力，那么你也有。你的身体也对你身边的一切，甚至对地球施加拉力。但是你拉动地球了吗？没有！地球的质量太大了，比你身体质量的几万亿倍还大！所以我们能看到的是，地球引力将你牢牢地"拴"在地面上。

小贴士：到太空会长高

　　航天员到太空会长高，这是真的哟！在地球上，引力不断对人的脊椎（jǐ zhuī）施加拉力，使其各就各位，而来到太空中情况就不一样了。太空中没有引力，脊椎就会自然伸展，所有关节也会松弛，关节间的间隙增大，脊椎上几十个关节的微小扩张叠加起来，就会使航天员稍微长高一些。不过，回到地球之后，航天员还会变回原来的身高。

哇，去了一趟太空，我变高了！

引力与物体的质量关系密切

　　引力是一种无形的力，看不见、摸不着，但我们还是可以测量它。物体的重量是重力作用在物体上的力。重力基本上等于物体所受到的地球引力大小。通过给物体称重就能测量它受到的引力，通常使用牛顿作为力的单位。我们在称物体时，一般用千克作为单位。通过比较质量大小，就可以计算并比较出引力的大小。在同一地点，质量大的物体都比质量小的物体引力大。

　　不过，不管你是在太空中还是在地球上，你身体的质量都保持不变，但你的重力（引力）却不一样。这是因为引力是相互的，它的大小既跟两个相互作用物体的质量有关，又跟两个物体之间的距离有关。

　　一个物体的质量越大，它对周围物体的引力就越大。月球比地球的质量小，所以月球比地球的引力更小，如果你站在月球上，重力会比在地球上更小一些。太阳比地球的质量大得多，如果你在太阳上，重力会是在地球上的 28 倍！

引力与其他力共同影响物体的动态

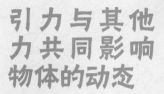

所有物体下落时，速度都一样吗？猜一猜，石头和羽毛哪个下落得更快？答案是石头！既然引力对所有物体的影响方式都是一样的，它们的速度也应该一样才对，那么为什么石头比羽毛下落得快呢？答案是，因为它们受到的摩擦力不同！

当一个物体在另一个物体表面推动或拉动时，接触面间将产生阻碍物体滑动的力，这就是摩擦力。任何在空气中运动的物体都会受到来自空气的摩擦力，也就是我们常说的空气阻力。物体的大小、形状和质量决定了它穿过空气的速度是快还是慢。羽毛等密度小的物体因为其体积大，受到的摩擦力就大，而它本身的重力小，重力和空气阻力相差不大，所以下落得慢。石头质量大，体积适中，空气阻力相对于重力要小得多，所以下落得快。

空气阻力来自空气中微小的、肉眼很难看见的物质。但如果是在没有空气的空间，比如月球上呢？由于月球周围没有空气，所以也就产生不了摩擦力。因而在月球上，不仅是羽毛和石头，任何物体下落的速度都是一样的。

嘿嘿，有引力这根绳子，你休想逃走！

知道了，知道了。

地球高速运转所形成的离心力，刚好可以抵消太阳施加的引力

万物都有引力，引力不仅存在于地球，行星、月球和其他恒星同样受到引力的影响。在太阳系中，太阳的引力最受瞩目，它就像一根看不见的绳子，把太阳系中的每个行星约束在太阳周围。引力不仅体现在太阳系中，它还在整个宇宙中发挥着威力。正是有了引力，才有了浩渺（miǎo）而缤纷多彩的宇宙。

太阳的引力

太阳是太阳系的中心，它的质量占了整个太阳系的 99.8% 左右。巨大的质量让太阳具备了超强的引力，太阳系中包括八大行星在内的所有天体都会受到它的引力约束，乖乖地围绕太阳一圈圈地旋转。

不过，既然太阳的引力如此之大，那为什么八大行星不会被太阳强大的引力吸过去，撞向太阳呢？其中最重要的一个原因是，这些行星同时在绕着太阳公转，它们公转的速度与它们和太阳的距离之间的关系恰到好处。距离太阳越近的天体，受到的太阳引力越大，为保证不被太阳吸过去必须保持高速运转；而距离太阳远的天体运行速度则慢一些。比如说地球，它离太阳较近，但围绕太阳公转的速度达到了约 29.78 千米 / 秒，它高速运转所形成的离心力刚好可以抵消太阳对其施加的巨大引力。

假如有一天，太阳的引力由于某种原因消失了，会发生什么呢？那我们的地球可能就要沿着公转轨道的一条切线向天外飞去，永不回头了。

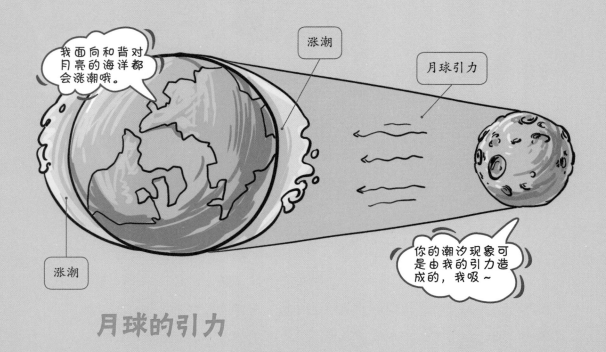

月球的引力

地球环绕太阳运行，月球以同样的方式环绕地球运行。前面我们提到过，物体的质量越大，它生成的引力越大。月球的质量要小于地球的质量，地球与月球之间的质量差，导致了在引力方面也存在差异。月球只有地球重量的 1/81，引力也只有地球引力的 1/6。我们都知道在地球上无论你跳多高，最终还是会落回到地面上来。如果你在月球上奋力一跳，那会不会跳出月球去呢？答案是不会，但一定会跳得更高。

另外，虽然月球的引力比较弱，但仍然对地球有引力，潮汐就是月球引力作用的结果。潮汐是海洋水面周期性的上升和下降。因白天为朝，夜晚为夕，所以人们就把白天和夜晚出现的海水涨落分别称为"潮"和"汐"。以前古人一直对潮汐现象大感不解。后来有人发现，潮汐发生的时间每天都会推迟一会儿，跟月亮每天迟到的时间一样，就猜测潮汐和月球有着必然的联系。不过，一直到有了牛顿的万有引力定律和拉普拉斯的数学证明，人们才确定潮汐现象确实是由月球的引力及较少程度的太阳引力引发的。月亮绕地球一周是 24 小时 48 分钟，一次潮汐涨落经历的时间是 12 小时 25 分，所以一天下来（地球自转一周是 24 小时），海水自然有两次涨落。

小贴士：月球能改变一天的长短

月球对地球的影响是相当大的，甚至能够延长我们每一天的时长。根据科学家的推测，约在 14 亿年前，地球上的一天只有 18 个小时，而这是因为那时的地月距离比现在小很多。地月之间越来越远的距离导致月球对地球的引力影响也变小了，从而导致地球自转速度变慢了。

在接下来的一百年中，月球还将进一步远离地球，那时候的"一天"将会比现在长 1.5 毫秒。在更远的未来，地球上的一天可能达到 30 小时。

未来一天的时间要变长了哦！

引力与黑洞

引力还创造了宇宙中最猛烈、最强大的物体之一——黑洞！恒星的一生都在燃烧，并且向外释放能量。这种向外推动的力量，与它向内拉的引力大小相当时，恒星就是稳定安全的。但当恒星耗尽了中心的燃料，再也没有足够的力量来承担起外壳巨大的重量时，它全部的物质受到引力的作用就会开始向里坍缩，当它的半径收缩到一定程度，"黑洞"就诞生了。黑洞周围的引力无比强大，任何靠近它的东西都会被吸入，连光也无法逃脱。物体离黑洞越近，受到的引力越大。当我们站在地球表面，脚部受到的引力要大于头部受到的引力，但二者差别很小。但如果我们接近黑洞，我们的头部和脚部受到的引力差值却大得惊人。用不着到达黑洞，早在我们距它 400 千米时，我们头部与脚部的引力差就足以将我们撕成碎片。所以，我们是无法接近黑洞的。

黑洞周围的引力非常强大，任何靠近它的东西，哪怕是光也无法逃脱

你们谁也跑不了！

救命，要被吸进去了！

快跑啊，黑洞来了！

129

图书在版编目（CIP）数据

物理太有趣了. 好玩的物理知识 / 郭炎军著. 一成
都：天地出版社，2023.5
（这个学科太有趣了）
ISBN 978-7-5455-7593-4

Ⅰ.①物… Ⅱ.①郭… Ⅲ.①物理 – 少儿读物 Ⅳ.
①O4-49

中国国家版本馆CIP数据核字（2023）第011670号

WULI TAI YOUQU LE · HAOWAN DE WULI ZHISHI

物理太有趣了·好玩的物理知识

出 品 人	杨　政	
作　　者	郭炎军	
绘　　者	梁红卫	
责任编辑	张秋红　孙若琦	
责任校对	杨金原	
封面设计	杨　川	
内文排版	马宇飞	
责任印制	王学锋	

出版发行　天地出版社
　　　　　（成都市锦江区三色路238号 邮政编码：610023）
　　　　　（北京市方庄芳群园3区3号 邮政编码：100078）
网　　址　http://www.tiandiph.com
电子邮箱　tianditg@163.com
经　　销　新华文轩出版传媒股份有限公司

印　　刷　三河市嘉科万达彩色印刷有限公司
版　　次　2023年5月第1版
印　　次　2023年5月第1次印刷
开　　本　787mm×1092mm 1/16
印　　张　25（全三册）
字　　数　334千字（全三册）
定　　价　128.00元（全三册）
书　　号　ISBN 978-7-5455-7593-4